广联达BIM系列教程

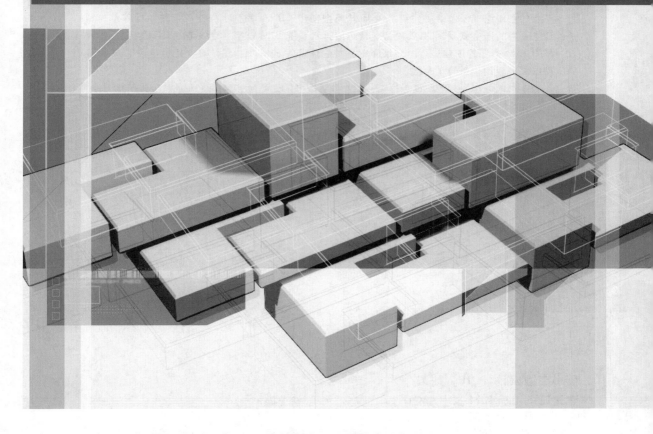

广联达 高校 强强联合 凝结BIM技术精华

建筑设备工程BIM技术

赵 军 印红梅 海光美 主编

U0201708

化学工业出版社

·北京·

本书共9章，简要介绍了BIM概念及特点、建筑设备工程概述，重点介绍建筑设备各专业的系统组成及特点、建筑结构BIM模型创建、Revit的基本操作及建筑结构基本模型的建立，对暖通空调系统BIM模型、建筑给排水系统BIM模型、建筑电气BIM模型、管线支吊架BIM模型的创建进行了详细介绍，对建筑设备BIM工程量计算、建筑设备工程BIM模型的综合应用也进行了阐述。

　　本书既可作为高等院校工程类各专业教学用书，也可为BIM相关专业从业人员学习参考。

图书在版编目（CIP）数据

　　建筑设备工程BIM技术/赵军，印红梅，海光美主编. —
北京：化学工业出版社，2019.4（2020.8重印）
　　广联达BIM系列教程
　　ISBN 978-7-122-33970-6

　　Ⅰ．①建…　Ⅱ．①赵…　②印…　③海…　Ⅲ．①房屋建
筑设备－建筑设计－计算机辅助设计－应用软件－教材
Ⅳ．①TU8-39

　　中国版本图书馆CIP数据核字（2019）第033199号

责任编辑：吕佳丽　　　　　　　　　　　　装帧设计：张　辉
责任校对：杜杏然

出版发行：化学工业出版社（北京市东城区青年湖南街13号　邮政编码100011）
印　　装：大厂聚鑫印刷有限责任公司
787mm×1092mm　1/16　印张11¼　字数272千字　2020年8月北京第1版第2次印刷

购书咨询：010-64518888　　　　　　　售后服务：010-64518899
网　　址：http://www.cip.com.cn

编审委员会名单

主　任　马洪涛　江苏海事职业技术学院

副主任　李　奇　长沙职业技术学院

　　　　布宁辉　广联达科技股份有限公司

　　　　陈继斌　郑州轻工业学院

委　员（排名不分先后）

　　　　马洪涛　江苏海事职业技术学院

　　　　李　奇　长沙职业技术学院

　　　　布宁辉　广联达科技股份有限公司

　　　　陈继斌　郑州轻工业学院

　　　　王　铮　河南建筑职业技术学院

　　　　李兴红　成都理工大学工程技术学院

　　　　杨国平　南京城市职业学院

　　　　谢　兵　南京高等职业技术学校

　　　　李　娟　长沙职业技术学院

　　　　樊　磊　河南应用技术职业学院

　　　　石玫珑　郑州财税金融职业学院

　　　　李玉娜　郑州电力高等专科学校

　　　　王光思　广联达科技股份有限公司

　　　　高龙欢　广联达科技股份有限公司

　　　　于周平　绍兴文理学院元培学院

编写人员名单

主　编　赵　军　广联达科技股份有限公司

　　　　印红梅　西南科技大学城市学院

　　　　海光美　江苏海事职业技术学院

副主编　曹　雨　广联达科技股份有限公司

　　　　高龙欢　广联达科技股份有限公司

　　　　刘志坚　江苏建筑职业技术学院

　　　　王　晗　大庆市建筑规划设计研究院

　　　　姜玉东　金陵科技学院

主　审　汤燕飞　成都航空职业技术学院

参　编（排名不分先后）

　　　　郑亚强　广联达科技股份有限公司

　　　　吕春兰　广联达科技股份有限公司

　　　　秦　阳　金堂县职业高级中学

　　　　尚伟红　辽宁建筑职业学院

　　　　安云静　石家庄学院

　　　　王加梁　四川旅游学院

　　　　刘农一　绵阳职业技术学院

　　　　张小明　南京工业职业技术学院

　　　　陈　斌　徐州工程学院

　　　　付德永　承德石油高等专科学校

　　　　任　伟　河南建筑职业技术学院

　　　　武东辉　郑州轻工业学院

　　　　刘晓艳　成都纺织高等专科学校

　　　　夏毓鹏　深圳职业技术学院

　　　　孟　琴　成都工业职业技术学院

前　言

　　当今，建筑信息模型（building information modeling，简称 BIM）技术正在建筑工程领域迅速发展，势不可挡。建设工程项目的描述方式在二十年前从绘图板转移到 CAD。而今，又从 CAD 转移到以 BIM 为代表的三维信息模型上，随着 BIM 技术在工程建设领域应用的越来越广泛、贯穿建筑工程生命周期越来越深入，一场由 BIM 技术推动的信息化革命正迈着大步向我们走来。

　　目前，针对建筑设备（暖通空调、给排水、供配电照明、智控弱电）的 BIM 专业书籍寥寥无几，本书结合建筑设备专业的专业特点，基于 MagiCAD for Revit 平台，以实际案例加具体任务的模式将建筑设备工程 BIM 技术层层剖析，帮助读者从零开始，通过完成一个个任务，学习建筑设备工程 BIM 模型的创建与应用。本书共九章，第 1 章介绍 BIM 概念及特点；第 2 章为建筑设备工程概述，介绍建筑设备各专业的系统组成及特点；第 3 章介绍建筑结构 BIM 模型创建，介绍 Revit 的基本操作及建筑结构基本模型的建立；第 4 章介绍暖通空调系统 BIM 模型创建；第 5 章介绍建筑给排水系统 BIM 模型创建；第 6 章介绍建筑电气 BIM 模型创建；第 7 章介绍管线支吊架 BIM 模型创建；第 8 章介绍建筑设备 BIM 工程量计算；第 9 章介绍建筑设备工程 BIM 模型综合应用。

　　【本书特点】

　　1. 针对性强：本书重点针对建筑设备类各专业，既有建筑设备各专业的系统介绍，又有建筑设备的模型创建，适合建筑设备、建筑机电各专业的学生、从业人员从头学起，一步步建立建筑设备 BIM 模型。

　　2. 模块化设置：本书根据不同专业及应用功能区分了建筑结构、通风空调、建筑给排水、建筑电气、管线支吊架、工程量计算、模型综合应用等七大模块，读者可以根据自身需要全部学习或分模块学习。

　　3. 任务驱动：本书在各模块内设置任务，帮助读者通过练习一个个任务，完成由易到难、由简至繁的技术进阶。

　　【目标读者】

　　1. 可以作为 BIM 从业人员学习建筑设备 BIM 技术的入门读物；

　　2. 可以作为建设、设计、施工、咨询等单位培养企业建筑设备 BIM 人才的教程；

　　3. 可以作为高等院校建筑设备类相关专业课程的教材。

　　【软件版本】

　　本书以 Autodesk Revit 2017、MagiCAD 2018 for Revit 2017 版本作为基础，但本书中所介绍的内容不局限于以上版本，除特别标明之外，书中大多数技巧也适用于 MagiCAD for Revit 2016 及以后的版本。因此，本书内容对于正在使用其他版本的用户也有一定的参考价值。

本书提供有配套的电子资料包，读者可以申请加入"广联达 MEP 教师交流群"（QQ 群号：599606531。该群为实名制群，入群读者请以"姓名＋单位"修改群名片），群内有编者提供的资源下载链接。

由于编写时间仓促，编者水平有限，书中难免出现不当、不足之处，还请读者不吝指正，有问题请联系 zhaoj－h@glodon. com 或 545598105@qq. com，以便编者不断修正。

编者
2019 年 1 月

目　录

第1章

BIM概念及特点

问题导入

1. BIM 概念是什么，如何定义？定义中有几个层次的含义？
2. BIM 技术有什么特点？各个特点对实际业务有什么价值？

本章内容框架

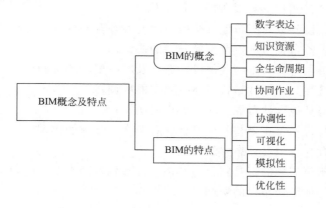

1.1 BIM 的概念

当前，BIM 的概念有多种版本，本书选取中国住房和城乡建设部发布的《建筑工程施工信息模型应用标准》中对建筑信息模型（BIM）的定义，该定义有两层解释。

建设工程及其设施的物理和功能特性的数字化表达，在全生命周期内提供共享的信息资源，并为各种决策提供基础信息，简称模型。

建筑信息模型的创建、使用和管理过程，简称模型应用。

与中国标准对应的美国国家标准对 BIM 的定义有三个层次的含义：

➤ BIM 是一个设施（建设项目）物理和功能特性的数字表达；

➤ BIM 是一个共享的知识资源，是一个分享有关这个设施的信息，为该设施从建设到拆除的全生命周期中的所有决策提供可靠依据的过程；

➤ 在项目的不同阶段，不同利益相关方通过在 BIM 中插入、提取、更新和修改信息，以支持和反映其各自职责的协同作业。

1.2 BIM 的特点

BIM 可以连接建筑生命周期不同阶段的数据、信息和资源，可以被建筑项目不同参与方共同使用，帮助项目团队提升决策效率并提高正确性。BIM 具有协调性、可视化、模拟性、优化性等特点。

1.2.1 协调性（coordination）

协调是建筑行业的工作重点，业主、设计单位和施工单位都有需要协调及配合的工作内容。以往的做法，在项目的实施过程中遇到问题，就要将各相关方组织起来召开协调会，找出问题发生的原因，商讨解决办法，再做出变更和补救措施，往往会需要返工，造成资源浪费和工期延误。工程设计时，暖通、水、电等设备专业与土建专业是分开进行的，而工程施工时，这些工种却要同时进行，经常会出现管线碰撞问题，图纸上的安装水管的位置，还有风管和电气的桥架，有时还碰到结构设计的梁柱等构件。像这样的碰撞问题是否只能在问题出现之后再进行解决呢？BIM 的协调性服务就可以有效解决这种问题，BIM 建筑信息模型可在建筑物建造前期对各专业的碰撞问题进行检查和优化，生成协调数据。除了解决各专业间的碰撞问题，BIM 还可以做好其他的协调工作。

➤ 建筑、结构、设备平面图布置及楼层高度的检查及协调；
➤ 设备房机电设备布置与维护及更换安装的协调；
➤ 主要设备及机电管道布置与其他设计布置及净空要求的协调；
➤ 排烟管道布置与其他设计布置及净空要求的协调；
➤ 排烟口布置与其他设计布置及净空要求的协调；
➤ 住宅空调管及排水管布置与其他设计布置及净空要求的协调；
➤ 地下排水布置与其他设计布置的协调；
➤ 不同类型车辆停车场的行驶路径与其他设计布置及净空要求的协调；
➤ 防火分区与其他设计布置的协调。

1.2.2 可视化（visualization）

展示建筑的传统手段是平面图、效果图、沙盘等，随着建筑业的快速发展，这些方式已经无法满足需求，尤其是大型复杂的建筑物。BIM 技术使得可视化变为可能，因为 BIM 包含了项目各种信息，通过 BIM 模型可以直接获取建筑物的几何、材料等信息，并将二维线条式的构件图转变成三维立体实物图形，呈现在人们面前。

建筑效果图也有一定可视作用，但效果图通常是分包给专业的效果图制作团队，通过识读二维图纸制作出来的，同构件之间缺乏互动性和反馈性，而 BIM 技术可以通过构件的信息生成，保持了同构件信息的一致性。在 BIM 建筑信息模型中，整个过程都是可视化的，不仅可以用来生成效果图和报表，而且项目设计、建造、运营过程中的沟通、讨论、决策都在可视化的状态下进行。

1.2.3 模拟性 (simulation)

除了可以模拟设计出的建筑物，BIM还可以模拟真实世界中不能进行操作的事物。在设计阶段，可以进行节能模拟、紧急疏散模拟、日照模拟、热能传导模拟等；在招投标和施工阶段可以进行4D模拟，也就是根据施工的组织设计模拟实际施工，从而来确定合理的施工方案来指导施工；还可以进行5D模拟（基于3D模型的造价控制），从而来实现成本控制；后期运营阶段可以模拟日常紧急情况的处理方式，例如逃生模拟及消防疏散模拟等。

1.2.4 优化性 (optimisation)

建筑项目的设计、施工、运营的过程是一个不断优化的过程，在BIM的基础上可以做到更好的优化。优化受信息、复杂程度和时间的制约：没有准确的信息做不出合理的优化结果，BIM模型提供了建筑物的实际存在的信息，包括几何信息、物理信息、规则信息，还提供了建筑物变化以后的实际存在；项目复杂程度高到一定程度，人员本身的能力有限，无法掌握所有的信息，必须借助一定的科学技术和设备的帮助，BIM及与其配套的各种优化工具提供了对复杂项目进行优化的可能。基于BIM可以更好地进行项目方案的优选，还可以对裙楼、幕墙、屋顶、大空间等特殊项目的异形设计进行优化。

除了以上特点，BIM还具有可出图性、一体化性、参数化性、信息完备性等优势，BIM必将会给建筑业带来巨大变革，积极推动行业的可持续发展。

第2章

建筑设备工程概述

 问题导入

1. 采暖系统包括哪些部分，是如何组成的？
2. 通风系统是如何分类的？机械通风如何分类？通风系统都由哪些部分组成？
3. 空气调节系统的分类依据都有哪些？
4. 建筑给排水系统、雨水排水系统的分类和组成都有哪些？
5. 电气工程中强弱电系统都有哪些？各个系统的组成和特点是什么？

本章内容框架

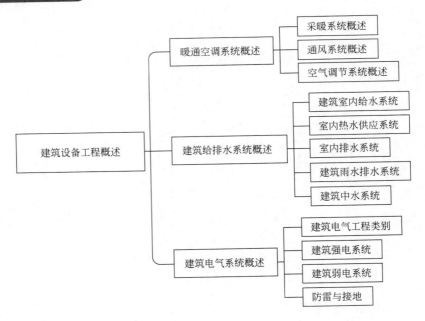

2.1 暖通空调系统概述

2.1.1 采暖系统概述

采暖（Heating）：采暖就是用人工的方法向室内供给热量，使室内保持一定的温度，以创造适宜的生活条件或工作条件的技术。我国北方冬季气候寒冷，为了保持室内适当的温度，一般设置采暖系统。

采暖系统由热源（热媒制备）、热循环系统（管网或热媒输送）及散热设备（热媒利用）三个主要部分组成。

➢ 热源：主要是指生产和制备一定参数（温度、压力）热媒的锅炉房或热电厂。
➢ 供热管道：将热媒输送到各个用户或散热设备。
➢ 散热设备：将热量散发到室内的设备。
➢ 热媒：是可以用来输送热能的媒介物，常用的热媒是热水、蒸汽。

采暖系统的基本工作原理是将低温热媒在热源中加热，低温热媒吸收热量后，变为高温热媒（高温水或蒸汽），经输送管道送往室内，通过散热设备放出热量，使室内温度升高；高温热媒散热后温度降低，变成低温热媒（低温水），再通过回收管道返回热源，进行循环使用。如此不断循环，从而不断地将热量从热源送到室内以补充室内的热量损失，使室内保持一定的温度。

采暖系统的分类和组成：

采暖系统有很多种不同的分类方法，按照热媒的不同可以分为：热水采暖系统、蒸汽采暖系统和热风采暖系统。

➢ 热水采暖系统：以热水为热媒，把热量带给散热设备的采暖系统。当热水采暖系统的供水温度为 95℃，回水为 70℃ 的时候，称为低温热水采暖系统；供水温度高于 100℃ 的称为高温热水采暖系统。低温热水采暖系统多用于民用建筑的采暖系统，高温热水采暖系统多用于生产厂房。
➢ 蒸汽采暖系统：以蒸汽为热媒，把热量给散热设备的采暖系统，称为蒸汽采暖系统。蒸汽相对压力小于 70kPa 的，称为低压蒸汽采暖系统；蒸汽相对压力为 70～300kPa 的，称为高压蒸汽采暖系统。
➢ 热风采暖系统：用热空气把热量直接传送到房间的采暖系统，称为热风采暖系统。

根据三个主要组成部分的相互位置关系来分，采暖系统又可分为局部采暖系统和集中采暖系统。

➢ 局部采暖系统：热媒制备、热媒输送和热媒利用三个主要组成部分在构造上都在一起的采暖系统，称之为局部采暖系统。如火炉采暖、户用燃气采暖、电加热器采暖等。虽然燃气和电能从远处输送到室内来，但热量的转化和利用都是在这间采暖房内实现的。
➢ 集中采暖系统：锅炉在单独的锅炉房内，热媒通过管道系统送至一栋或多栋建筑物的采暖系统，称为集中采暖系统。

2.1.2 通风系统概述

通风（ventilation）：通风是为了改善生产和生活条件，采用自然或机械的方法，对某一空间进行换气，以形成安全、卫生等适宜空气环境的技术。换句话说，通风是利用室外空气（称新鲜空气或新风）来置换建筑物内的空气（简称室内空气）以改善室内空气品质。通风的主要功能有：① 提供人呼吸所需要的氧气；② 稀释室内污染物或气味；③ 排除室内生产过程产生的污染物；④ 除去室内多余的热量（余热）或湿量（称余湿）；⑤ 提供室内燃烧设备燃烧所需的空气。建筑中的通风统可能只完成其中的一项或几项任务。其中利用通风除去室内余热和余湿的功能是有限的，它受室外空气状态的限制。

根据服务对象的不同通风可分为民用建筑通风和工业建筑通风。民用建筑通风是对民用建筑中人员活动所产生的污染物进行治理而进行的通风。工业建筑通风是对生产过程中的余热、余湿、粉尘和有害气体等进行控制和治理而进行的通风。

根据提供的动力条件不同通风可分为自然通风与机械通风。

➢ 自然通风系统利用建筑物内设置的门、窗、无动力通风器进行通风换气，是一种既经济又有效的通风方式。自然通风系统适用于室内空气的温度、湿度、洁净度、气流速度等参数无严格要求的场所。

➢ 机械通风是依靠风机产生的风压强制室内外空气流动进行换气的通风方式。按通风系统的作用范围不同，通风系统可分为局部通风和全面通风。局部通风系统又分为局部机械送风（图 2.1.1）、局部机械排风（图 2.1.2）。全面通风系统也称为稀释通风，它是对整个车间或房间进行通风换气，是将新鲜的空气送入室内以改变室内的温、湿度和稀释有害物的浓度，同时把污浊空气不断排至室外，使工作地带的空气环境符合卫生标准的要求。全面通风按照通风系统形式分为全面机械送风（图 2.1.3）、全面机械排风（图 2.1.4）、全面机械送排风系统（图 2.1.5）。

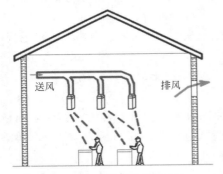

图 2.1.1 局部机械送风

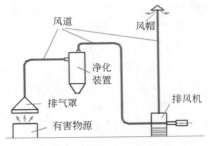

图 2.1.2 局部机械排风

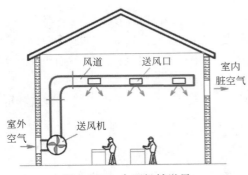

图 2.1.3 全面机械送风

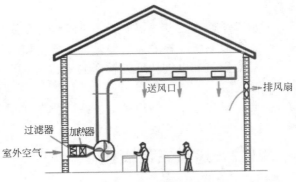

图 2.1.4 全面机械排风

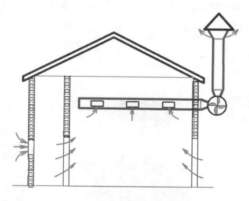

图 2.1.5 全面机械送排风

通风系统一般应由进排风装置、风道及空气净化设备几个主要部分组成，见表 2.1.1。

表 2.1.1 通风系统的组成

风管	矩形风管、圆形风管
风口	送风口、排风口
风阀	调节阀、防火阀、止回阀
风机	离心式风机、轴流式风机、混流式风机
其他	静压箱、除尘器、过滤器

2.1.3 空气调节系统概述

空气调节（Air Conditioning）：使房间或封闭空间的空气温度、湿度、洁净度和流动速度（俗称"四度"）等参数达到给定要求的技术。空气调节可对某一房间或空间内的温度、湿度、洁净度和空气流动速度等参数进行调节控制，并提供足够量的新鲜空气。空气调节简称空调。空调可以对建筑热湿环境、空气品质进行全面控制，它包含了通风的部分功能，以保证生产工艺和科学实验过程或人们温度舒适度需要。在某些场合，也需要对空气的压力、气味、噪声等进行控制。

空气调节系统一般均由空气处理设备、冷热介质输配系统（包含风机、水泵、风道、风口与水管等）和空调末端装置组成，完整的空调系统尚应该包括冷热源、自动控制系统以及空调房间，如图 2.1.6 所示。空调系统的种类很多，在工程上应根据空调对象的性质和用途、热湿负荷特点空内设计参数要求，可能为空调机房及风道提供的建筑面积和空间、初投资和运行费等许多方面的具体情况，经过分析和比较，选择合理的空调系统。下面首先介绍空调系统的分类情况。

2.1.3.1 根据空气处理设备的集中程度分类

➢ **集中式空调系统**

这种系统的所有空气处理设备（加热器、冷却器、过滤器、加湿器等）以及通风机全都集中在空调机房。通常，把这种由空气处理设备及通风机组成的箱体称为空调箱或空调机，把不包括通风机的箱体称为空气处理箱或空气处理室。集中式空调系统的冷、热源一般也是集中的，集中在冷冻站和锅炉房或热交换站。单风道空调系统、双风道空调系统以及变风量空调系统均属此类。

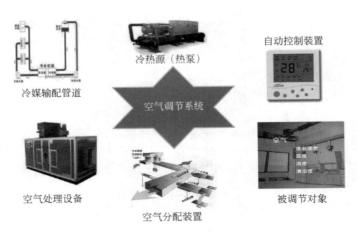

图 2.1.6　空调系统的组成

➢ 半集中式空调系统

这种系统除有集中在空调机房的空气处理设备可以处理一部分空气外，还有分散在被调房间内的空气处理设备，它们可以对室内空气进行就地处理或对来自集中处理设备的空气再进行补充处理。全水系统、空气-水系统、水环热泵系统、变制冷剂流量系统都属这类系统。半集中式系统在建筑中占用的机房少，可以容易满足各个房间各自的温湿度控制要求，但房间内设置空气处理设备后，管理维修不方便，如设备中有风机还会给室内带来噪声。

➢ 分散式空调系统

分散式空调系统又称局部空调系统。这是指将空气处理设备全分散在被调房间内的系统。空调房间使用空调机组者属于此类。空调机组把空气处理设备、风机以及冷热源都集中在一个箱体内，形成了一个非常紧凑的空调系统，只要接电源就能对房间进行空调。因此，这种系统不需要空调机房，一般也没有输送空气的风道。如家庭中常用的房间空调器、电取暖器等都属于此类。这种系统在建筑内不需要机房，不需要进行空气分配的风道，但维修管理不便，分散的小机组能量效率一般比较低，其中制冷压缩机、风机会给室内带来噪声。

2.1.3.2　根据负担室内热湿负荷所用的介质不同分类

➢ 全空气系统

这是指空调房间的室内负荷全部由经过处理的空气来负担的空调系统。上面介绍的集中式空调系统属于此类，如图2.1.7（a）所示。"全空气"诱导器系统也属此类。由于空气的比热容及密度都小，所以这种系统需要的空气量多，风道断面尺寸大。全空气系统又可以分为定风量式系统（单风道式、双风道式）和变风量式系统。

➤ **全水系统**

如果空调房间的热湿负荷全部由冷水或热水来负担则称为全水系统，如图2.1.7（b）所示。风机盘管及辐射板系统属于此类。由于水的比热容及密度比空气大，所以在室内负荷相同时，需要的水管断面尺寸比风道小，不过靠水只能消除余热和余湿，解决不了空调房间的通风换气问题，空气品质较差，用得较少。

➤ **空气-水系统**

它是由空气和水共同负担空调房间的热、湿负荷，如图2.1.7（c）所示。根据设在房间的末端设备形式可分为以下三种系统。

1）空气-水风机盘管系统：指在房间内设置风机盘管的空气-水系统。

2）空气-水诱导器系统：指在房间内设置诱导器（带有盘管）的空气-水系统。

3）空气-水辐射板系统：指在房间内设置辐射板（供冷或采暖）的空气-水系统。

空气-水系统的优点是既可以减小全空气系统的风道占用建筑空间较多的矛盾，又可向空调房间提供一定新风换气，改善空调房间的卫生要求。

➤ **制冷剂系统**

这是指空调房间的负荷由制冷剂直接负担的系统。安装在空调房间或其邻室的空调机组属于这类系统，如图2.1.7（d）所示。空调机组按制冷循环运行可以消除房间余热、余湿；空调机组按热泵循环运行可为房间供暖，因此使用非常灵活、方便。

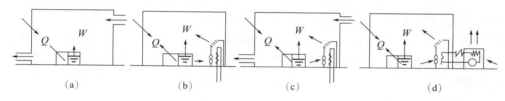

图2.1.7　空调系统
（a）全空气系统；（b）全水系统；（c）空气-水系统；（d）制冷剂系统

2.1.3.3　根据所使用空气的来源分类

➤ **全回风式系统（又称封闭式系统）**

全回风式系统处理的空气全部取自空调房间本身，没有室外新鲜空气补充到系统中来，全部是室内的空气在系统中周而复始地循环。因此，空调房间与空气处理设备由风管连成了一个封闭的循环环路，如图2.1.8（a）所示。

➤ **全新风系统（又称直流式系统）**

全新风系统处理的空气全部取自室外，即室外的空气经过处理达到送风状态点后送入各空调房间，送入的空气在空调房间内吸热吸湿后全部排出室外，如图2.1.8（b）所示。

➤ **新、回风混合式系统（又称混合式系统）**

因为全回风式系统没有新风，不能满足空调房间的卫生要求，而全新风式系统消耗的能量又大，不经济，所以全回风式系统和全新风式系统只能在特定的情况下才能使用。对大多数有一定卫生要求的场合，往往采用新、回风混合式系统。新、回风混合式系统综合了封闭式系统和直流式系统的优点，既能满足空调房间的卫生要求，又比较经济合理，故在工程实际中被广泛应用。图2.1.8（c）即为新、回风混合式系统。

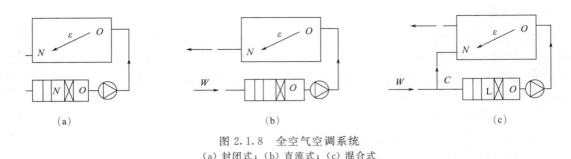

图 2.1.8 全空气空调系统

(a) 封闭式；(b) 直流式；(c) 混合式

2.1.3.4 按空调系统用途或服务对象不同分类

> **舒适性空调系统**

简称舒适空调，指为室内人员创造舒适健康环境的空调系统。舒适健康的环境令人精神愉快，精力充沛，工作、学习效率提高，有益于身心健康。

> **工艺性空调系统**

又称工业空调，指为生产工艺过程或设备运行创造必要环境条件的空调系统，工作人员的舒适要求有条件时可兼顾。

实际上空调系统还可以根据另外一些原则进行分类。例如根据系统的风量固定与否，可以分为定风量和变风量空调系统；根据系统风道内空气流速高低，可以分为低速（$v = 8 \sim 12\text{m/s}$）和高速（$v = 20 \sim 30\text{m/s}$）空调系统；根据系统的控制精度不同，可以分为一般空调系统和高精度空调系统。根据系统的运行时间不同，可以分为全年性空调系统和季节性空调系统。

上面几种分类原则，可将各种空调系统分类如图 2.1.9 所示。

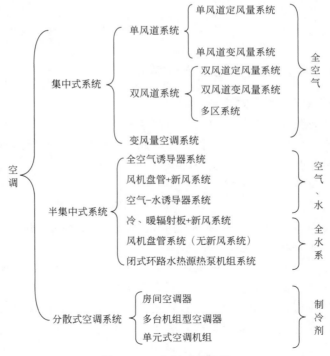

图 2.1.9 空调系统分类

2.2 建筑给排水系统概述

2.2.1 建筑室内给水系统

2.2.1.1 给水系统的分类

建筑内部给水系统按照用途可分为生活给水系统、生产给水系统、消防给水系统、组合给水系统。

➢ **生活给水系统**

供人们在日常生活中饮用、烹饪、盥洗、沐浴、洗涤衣物、冲厕、清洗地面和其他生活用途的用水。

➢ **生产给水系统**

供生产过程中产品工艺用水、清洗用水、冷饮用水、生产空调用水、稀释用水、除尘用水、锅炉用水等用途的用水。

➢ **消防给水系统**

消防灭火设施用水，主要包括消火栓、消防卷盘和自动喷水灭火系统等设施的用水。

➢ **组合给水系统**

上述 3 种基本给水系统可根据具体情况及建筑物的用途和性质、设计规范等要求，设置独立的某种系统或组合系统。如生活-生产给水系统、生活-消防给水系统、生产-消防给水系统、生活-生产-消防给水系统等。

2.2.1.2 给水系统的组成

建筑内部给水系统如图 2.2.1 所示，由引入管、给水管道、给水附件、配水设施、增压和贮水设备等组成。

➢ **引入管**

引入管是指从室外给水管网的接管点引至建筑内的管段，一般又称进户管，是室外给水管网与室内给水管网之间的联络管段。引入管段上一般设有水表、阀门等附件。水表及其前后的阀门和泄水装置称为水表节点，一般设置在水表井中。

➢ **给水管道**

给水管道包括干管、立管、支管和分支管，用于输送和分配用水至建筑内部各个用水点。

干管：又称总干管，是将水从引入管输送至建筑物各区域的管段。

立管：又称竖管，是将水从干管沿垂直方向输送至各楼层、各不同标高处的管段。

支管：又称分配管，是将水从立管输送至各房间内的管段。

分支管：又称配水支管，是将水从支管输送至各用水设备处的管段。

➢ **给水附件**

给水附件是指管道系统中调节水量、水压、控制水流方向、改善水质，以及关断水流，便于管道、仪表和设备检修的各类阀门和设备。给水附件包括各种阀门、水锤消除器、过滤器、减压孔板等管路附件。

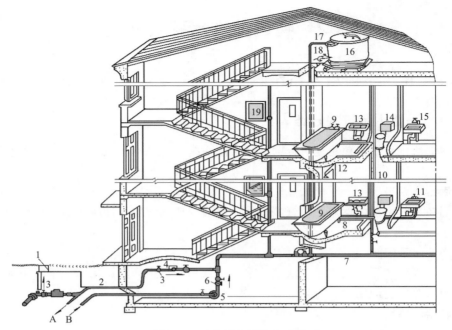

图 2.2.1　建筑内部给水系统

1—阀门井；2—引入管；3—闸阀；4—水表；5—水泵；6—止回阀；7—干管；8—支管；9—浴盆；
10—立管；11—水嘴；12—喷淋器；13—洗脸盆；14—大便器；15—洗涤盆；16—水箱；
17—水箱进水管；18—水箱出水管；19—消火栓；A—入贮水池；B—来自贮水池

➢ **配水设施**

生活、生产和消防给水系统其管网的终端用水点上的设施即为配水装置。生活给水系统主要指卫生器具的给水配件或配水嘴；生产给水系统主要指用水设备；消防给水系统主要指室内消火栓和自动喷水灭火系统中的各种喷头。

➢ **增压和贮水设备**

增压和贮水设备是指在室外给水管网压力不足，给水系统中用于升压、稳压、贮水和调节的设备。包括如水泵、水池、水箱、贮水池、吸水井、气压给水设备等。

2.2.1.3　给水方式

室内给水方式是指建筑内部给水系统的供水方案。根据建筑物的性质、高度、配水点的布置情况以及室内所需水压、室外管网水压和水量等因素而决定的给水系统的布置形式。一般常用的有以下几种。

➢ **依靠外网压力的给水方式**

（1）直接给水方式

建筑物内部只设给水管道系统，不设其他辅助设备，室内给水管道系统与室外给水管网直接连接，利用室外管网压力直接向室内给水系统供水，如图 2.2.2 所示。

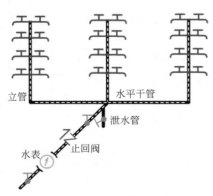

图 2.2.2　直接给水方式

该给水方式特点：可充分利用室外管网水压，节约能源，且供水系统简单，投资省，充分利用室外管网的水压，节约能耗，减少水质受污染的可能性。但室外管网一旦停水，室内立即断水，供水可靠性差。适用于室外给水管网的水压、水量在一天内均能满足用水要求的建筑。

（2）设水箱的给水方式

设水箱的给水方式宜在室外给水管网供水压力周期性不足时采用。如图 2.2.3（a）所示，低峰用水时，可利用室外给水管网水压直接供水并向水箱供水，水箱贮备水量。高峰用水时，室外管网水压不足，则由水箱向建筑给水系统供水。当室外给水管网水压偏高或不稳定时，为保证建筑内给水系统的良好工况或满足稳压供水的要求，可采用设水箱的给水方式。这种供水方式适用于多层建筑，下面几层与室外给水管网直接连接，利用室外管网水压供水，上面几层则靠屋顶水箱调节水量和水压，由水箱供水。

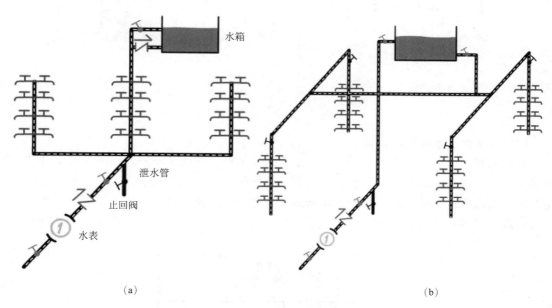

（a）   （b）

图 2.2.3　设水箱的给水方式

如图 2.2.3（b）所示，室外管网直接将水输入水箱，由水箱向建筑内给水系统供水。这种给水方式的特点是水箱贮备一定量的水，在室外管网压力不足时不中断室内用水，供水较可靠，且充分利用室外管网水压，节省能源，安装和维护简单，投资较省。但需设置高位水箱，增加了结构荷载，给建筑的里面及结构处理带来一定的难度，若管理不当，水箱的水质易受到污染。

➢ **依靠水泵升压给水方式**

（1）设水泵的给水方式

设水泵的给水方式宜在室外给水管网的水压经常不足时采用。为充分利用室外管网压力，节省电能，采用水泵直接从室外给水管网抽水的叠压供水时，应设旁通管，如图 2.2.4（a）所示。当室外管网压力足够大时，可自动开启旁通管的止回阀直接向建筑内供水。因水泵直接从室外管网抽水，会使外网压力降低，影响附近用户用水，严重时还可能造成外网负压，在管道接口不严密时，其周围土壤中的渗透水会吸入管网，污染水质。当采用水泵直接从室外管网抽水时，必须征得供水部门的同意，并在管道连接处采取必要的防护措施，以免水质污染。为避免上述问题，可在系统中增设贮水池，采用水泵与室外管网间接连接的方式，如图2.2.4（b）所示。这种给水方式避免了上述水泵直接从室外管网抽水的缺点，城市管网的水经自动启闭的浮球阀送入贮水池，然后经水泵加压后再送往室内管网。

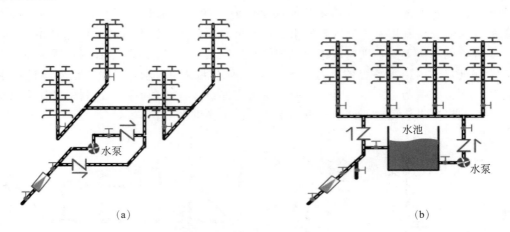

图 2.2.4　设水泵的给水方式

（2）设水泵、水箱的给水方式

设水泵和水箱的给水方式宜在室外给水管网压力低于或经常不满足建筑内给水管网所需的水压，且室内用水不均匀时采用，如图2.2.5所示。该给水方式的优点是水泵能及时向水箱供水，可减少水箱的容积，又因有水箱的调节作用，水泵出水量稳定，能保持在高效区运行。一般用于多层或高层建筑。

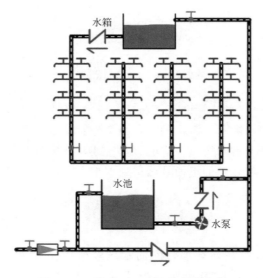

图 2.2.5　设水泵、水箱的给水方式

2.2.1.4　现场施工图

现场施工图如图2.2.6、图2.2.7所示。

图 2.2.6 洗脸盆接头处管道安装

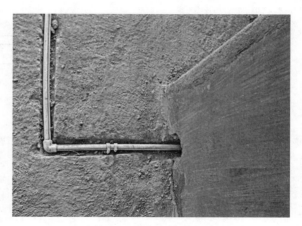

图 2.2.7 给水管道安装

2.2.2 室内热水供应系统

2.2.2.1 室内热水供应系统的分类

室内热水供应系统按作用范围大小可分为以下几种。

➢ **局部热水供应系统**

局部热水供应系统是利用各种小型加热器在用水场所就地将水加热，供给局部范围内的一个或几个用水点使用，如采用小型燃气加热器、蒸汽加热器、电加热器、太阳能加热器等，给单个厨房、浴室、卫生间等供水。大型建筑物同样可采用很多局部加热器分别对各个用水场所供应热水。

➢ **集中热水供应系统**

水在锅炉、加热器中被加热，通过热水管网向整幢或几幢建筑供水。集中热水供应系统适用于热水用量较大，用水点较集中的建筑，如标准较高的居住建筑、旅馆、公共浴室、医院、疗养院、体育馆、游泳馆（池）、大型饭店等公共建筑，布置较集中的工业企业建筑等。

➢ **区域热水供应系统**

在热电厂、区域性锅炉房或热交换站将水集中加热后，通过市政热力管网输送至整个建筑群、居民区、城市街坊或整个工业企业的热水系统称区域热水供应系统。

2.2.2.2 热水供应系统的组成

图 2.2.8 为一典型的集中热水供应系统，其主要由热媒系统、热水供水系统、附件三部分组成。

（1）热媒系统（第一循环系统）

热媒系统由热源、水加热器和热媒管网组成。由锅炉生产的蒸汽（或高温热水）通过热媒管网送到水加热器加热冷水，经过热交换蒸汽变成冷凝水，靠余压经疏水器流到冷凝水池，冷凝水和新补充的软化水经冷凝水循环泵再送回锅炉加热为蒸汽，如此循环完成热的传递作用。

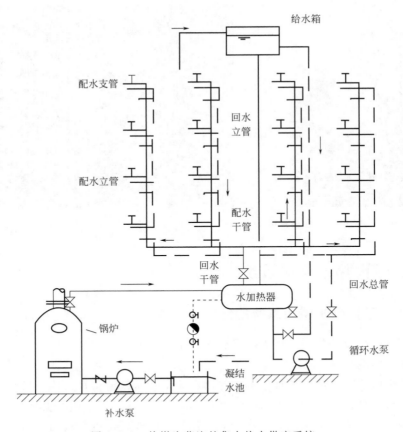

图 2.2.8　热媒为蒸汽的集中热水供应系统

（2）热水供水系统（第二循环系统）

热水供水系统由热水配水管网和回水管网组成。被加热到一定温度的热水，从水加热器输出经配水管网送至各个热水配水点，而水加热器的冷水由高位水箱或给水管网补给。

（3）附件

附件包括蒸汽、热水的控制附件及管道的连接附件，如温度自动调节器、疏水器、减压阀、安全阀、自动排气阀、膨胀罐、管道伸缩器、闸阀、水嘴等。

2.2.3　热水供水方式

➤ **按热水加热方式的不同，有直接加热和间接加热之分**

直接加热也称一次换热，是以燃气、燃油、燃煤为燃料的热水锅炉，把冷水直接加热到所需热水温度，或者是将蒸汽或高温水通过穿孔管或喷射器直接通入冷水混合制备热水。适用于具有合格的蒸汽热媒且对噪声无严格要求的公共浴室、洗衣房、工矿企业等用户。

间接加热也称二次换热，是将热媒通过水加热器把热量传递给冷水达到加热冷水的目的，在加热过程中热媒（如蒸汽）与被加热水不直接接触。适用于要求供水稳定、安全，噪声要求低的旅馆、住宅、医院、办公楼等建筑。

> **按热水管网设置循环管网的方式不同，有全循环、半循环、无循环热水供水方式**

全循环供水方式，是指热水干管、热水立管和热水支管都设置相应循环管道，保持热水循环，各配水嘴随时打开均能提供符合设计水温要求的热水，如图2.2.9所示。该方式适用于对热水供应要求比较高的建筑中，如高级宾馆、饭店、高级住宅等。

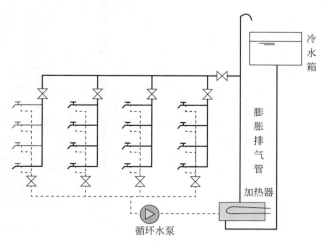

图 2.2.9　全循环供水方式

半循环供水方式，有立管循环和干管循环之分。立管循环方式是指热水干管和热水立管均设置循环管道，保持热水循环，打开配水嘴时只需放掉热水支管中少量的存水，就能获得规定水温的热水，如图2.2.10所示。该方式多用于设有全日供应热水的建筑和设有定时供应热水的高层建筑中。干管循环方式是指仅热水干管设置循环管道，保持热水循环，如图2.2.11所示，多用于采用定时供应热水的建筑中。在热水供应前，先用循环泵把干管中已冷却的存水循环加热，当打开配水嘴时只需放掉立管和支管内的冷水就可以流出符合要求的热水。

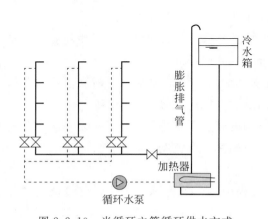

图 2.2.10　半循环立管循环供水方式

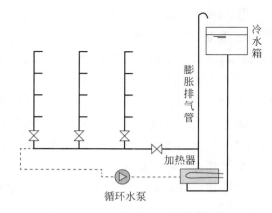

图 2.2.11　半循环干管循环供水方式

无循环供水方式，是指在热水管网中不设任何循环管道，如图2.2.12所示。对于热水供应系统较小、使用要求不高的定时热水供应系统，如公共浴室、洗衣房等可采用此方式。

2.2.2.4　现场施工图

冰水管与热水管平行安装如图 2.2.13 所示。冷水管与热水管横向平行安装，热水管在上，冷水管在下；竖向平行安装，热水管在左，冷水管在右。

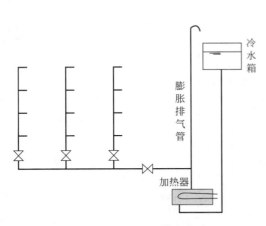

图 2.2.12　无循环供水方式

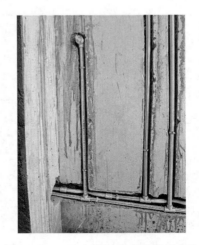

图 2.2.13　冷水管与热水管平行安装

2.2.3　室内排水系统

2.2.3.1　排水系统的分类

建筑内部排水系统分为污废水排水系统（排除人类生存过程中产生的污水与废水）和屋面雨水排水系统（排除自然降水）两大类。按照污废水的来源，污废水排水系统又分为生活排水系统和工业废水排水系统。

➤ **生活排水系统**

生活排水系统排除居住建筑、公共建筑及工业企业生活间的污水与废水。

1）生活污水排水系统：排除大便器（槽）、小便器（槽）以及与此相似卫生设备产生的污水。污水需经化粪池或居住小区污水处理设施处理后才能排放。

2）生活废水排水系统：排除洗脸、洗澡、洗衣和厨房产生的废水。生活废水经过处理后，可作为杂用水，用来冲洗厕所、浇洒绿地和道路、冲洗汽车等。

如果建筑内部的生活污水与生活废水分别用不同的管道系统排放则称为分流制，如果建筑内部的生活污水与生活废水采用统一管道系统排放则称为合流制。

➤ **工业废水排水系统**

工业废水排水系统排除工业企业在工艺生产过程中产生的污水与废水，是合流制排水系统。

2.2.3.2　污废水排水系统的组成

室内排水系统如图 2.2.14 所示，一般由以下部分组成。

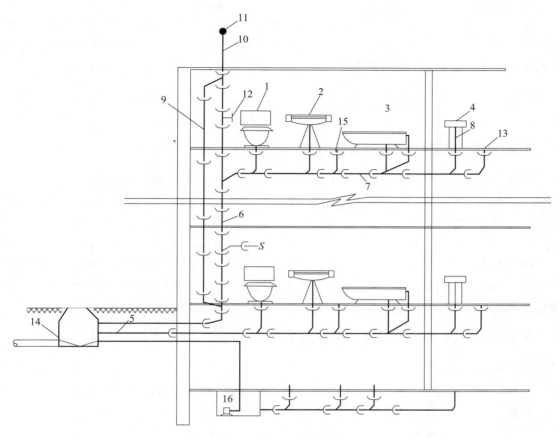

图 2.2.14 建筑内部排水系统的组成

1—坐便器；2—洗脸盆；3—浴盆；4—厨房洗涤盆；5—排水出户管；6—排水立管；

7—排水横支管；8—器具排水管（含存水弯）；9—专用通气管；10—伸顶通气管；

11—通风帽；12—检查口；13—清扫口；14—排水检查井；15—地漏；16—污水泵

> **卫生器具和生产设备受水器**

用来收集污废水的器具，如各种卫生器具、生产污废水的排水设备及雨水斗。

> **排水管道**

排水管道包括器具排水管（含存水弯）、横支管、立管、埋地干管和排出管。其作用是将各个用水点产生的污废水及时、迅速地输送到室外。

> **清通设备**

用于清通排水管道杂质、杂物，疏通排水管道，保证水流畅通。常用的有检查口和清扫口等。清扫口装在排水横管上，检查口装设在排水立管及较长横管段上。

> **提升设备**

工业与民用建筑的地下室、人防建筑、高层建筑的地下技术层和地铁等处标高较低，在这些场所产生、收集的污废水不能自流排至室外的检查井，必须设污废水提升设备。常见的提升设备有水泵、空气扬水器和水射器等。污废水提升泵安装方式如图 2.2.15所示。

> **通气系统**

建筑内部排水管道内是水气两相流。为使排水管道系统空气流通，压力稳定，避免因管道内压力波动使有毒有害气体进入室内，需要设置与大气相通的通气管道系统。通气系统有排水立管延伸到屋面上的伸顶通气管、专用通气管以及专用附件。

2.2.4 建筑雨水排水系统

2.2.4.1 建筑雨水排水系统分类

按建筑内部是否有雨水管道分为内排水系统和外排水系统。建筑内部设有雨水管道，屋面设雨水斗（一种将建筑物屋面的雨水导入雨水管道系统的装置）的雨水排除系统为内排水系统，否则为外排水系统。

按屋面的排水条件分为檐沟排水、天沟排水和无沟排水。当建筑屋面面积较小时，在屋檐下设置汇集屋面雨水的沟槽，称为檐沟排水。在面积大且曲折的建筑物屋面设置汇集屋面雨水的沟槽，将雨水排至建筑物的两侧，称为天沟排水。降落到屋面的雨水沿屋面径流，直接流入雨水管道，称为无沟排水。

2.2.4.2 建筑雨水排水系统的组成

（1）檐沟外排水

檐沟外排水由檐沟和敷设在建筑物外墙的立管组成。降落到屋面的雨水沿屋面集流到檐沟，然后流入隔一定距离设置的立管排至室外的地面或雨水口，如图2.2.16所示。

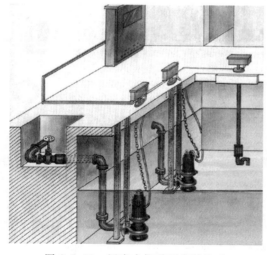

图 2.2.15 污废水提升泵安装方式

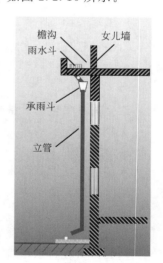

图 2.2.16 檐沟外排水

（2）天沟外排水

天沟外排水由天沟、雨水斗和排水立管组成。天沟设置在两跨中间并坡向端墙，雨水斗设在伸出山墙的天沟末端，也可设在紧靠山墙的屋面。立管连接雨水斗并沿外墙布置。降落到屋面上的雨水沿坡向天沟的屋面汇集到天沟，再沿天沟流至建筑物两端（山墙、女儿墙），流入雨水斗，经立管排至地面或雨水井，如图2.2.17所示。

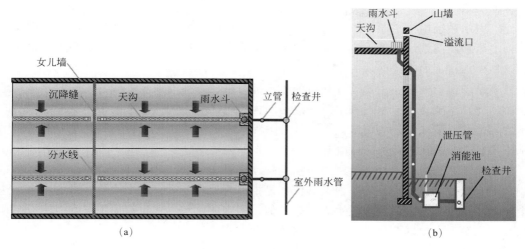

图 2.2.17　天沟外排水平面

（3）内排水

　　内排水系统一般由雨水斗、连接管、悬吊管、立管、排出管、埋地干管和附属构筑物几部分组成，如图 2.2.18 所示。降落到屋面上的雨水，沿屋面流入雨水斗，经连接管、悬吊管、流入立管，再经排出管流入雨水检查井，或经埋地干管排至室外雨水管道。雨水斗是一种雨水由此进入排水管道的专用装置，设在天沟或屋面的最低处。连接管是连接雨水斗和悬吊管的一段竖向短管。悬吊管是悬吊在屋架、楼板和梁下或架空在柱上的雨水横管。雨水排水立管承接悬吊管或雨水斗流来的雨水。排出管是立管和检查井间的一段有较大坡度的横向管道。埋地管敷设于室内地下，承接立管的雨水，并将其排至室外雨水管道。附属构筑物用于埋地雨水管道的检修、清扫和排气。

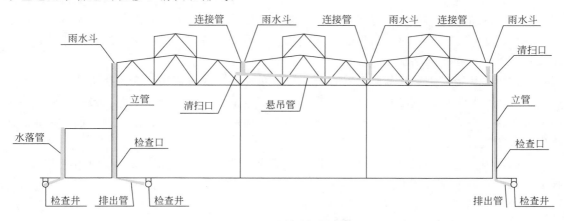

图 2.2.18　内排水系统剖面

2.2.5　建筑中水系统

　　中水是由上水（给水）和下水（排水）派生出来的。是指各种排水经过物理处理、物理化学处理或生物处理，达到规定的水质标准，可在生活、市政、环境等范围内杂用的非饮用水。如用来冲洗便器、冲洗汽车、绿化和浇洒道路等。因其标准低于生活饮用水水质标准，所以称为中水。

建筑中水系统由中水原水收集系统、处理系统和中水供水系统三部分组成。

中水原水收集系统是指收集、输送中水原水到中水处理设施的管道系统和一些附属构筑物。选作中水水源而未经处理的水叫中水原水。

处理系统由前处理、主要处理和后处理三部分组成。前处理除了截留大的漂浮物、悬浮物和杂物外，主要是调节水量和水质，这是因为建筑物和小区的排水范围小，中水原水的集水不均匀，所以需要设置调节池。主要处理去除水中的有机物、无机物等。后处理是对中水供水水质要求很高时进行的深度处理。

中水供水系统由中水配水管网（包括干管、立管、横管）、中水贮水池、中水高位水箱、控制和配水附件、计量设备等组成。其任务是把经过处理符合杂用水水质标准的中水输送至各个中水用水点。与生活给水供水方式相类似，中水的供水方式也有简单供水、单设屋顶水箱供水、水泵和水箱联合供水和分区供水等多种方式。

2.3 建筑电气系统概述

2.3.1 建筑电气工程类别

建筑电气工程常有以下几种分类方法。

➤ **按建筑物类别可分为工业电气工程和民用电气工程**

工业电气工程主要以输变配电工程，高、低压动力和电热及其控制系统为主，负荷大、控制保护系统复杂，一般配以微机自动控制系统和自动化仪表以完成生产工艺所要求的自动检测和自动控制，安装调试技术难度大，工程造价高。

一般民用电气工程以照明为主，配以相应的设备和动力，电流小，控制简单。但现代民用电气工程随着高层建筑、商业中心和写字楼等对自动化、信息化方面要求的提高，微机系统，各种弱电报警装置、电梯装置、广播电视通信系统配备的日益广泛，控制系统日趋复杂化，施工难度也在不断增加。

➤ **按用电负荷级别和性质划分，可分为一级负荷、二级负荷和三级负荷**

一级负荷是指中断供电将造成人身伤亡或将在政治、经济上造成重大损失者，如负荷中断将会造成重要设备损毁、重要产品报废、用重要原料生产的产品大量报废、重点企业的连续生产过程被打乱且很长时间才能恢复等。

二级负荷是指中断供电将在政治、经济上造成较大损失的，如主要设备损坏、大量产品报废，重点企业大量减产等。

三级负荷是指不属于一级、二级负荷的一般负荷。

➤ **按电流性质可划分为强电工程和弱电工程**

通常建筑物中电力、照明、动力用的电能称为强电。强电系统的作用是把电能引入建筑物，经过用电设备转换为机械能、热能和光能等。

弱电系统则用于完成建筑物内部与外部的信息传递与交换。弱电系统包括电视系统、通信系统、广播音响系统、火灾报警与联动、保安监控以及计算机管理系统等。

➤ **按用电线路划分又可分为外线工程和内线工程**

外线工程包括高压设备的一次回路、电缆线路、架空线路以及防雷接地等；内线工程是

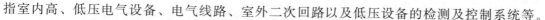

指室内高、低压电气设备、电气线路、室外二次回路以及低压设备的检测及控制系统等。

> **按电压等级划分可分为高压电气工程和低压电气工程**

通常把电压等级在 1000V 以上的电气工程称为高压电气工程，低于 1000V 的电气工程称为低压电气工程。

2.3.2 建筑强电系统

2.3.2.1 供配电系统

由发电厂的发电机、升压及降压变电设备、电力网及电能用户（用电设备）组成的系统统称为电力系统。

配电系统一般由供电电源、配电网和用电设备组成。

配电系统的电源是电力系统中的电力网，电力系统的用户实际上就是配电系统。

> **负荷供电要求**

按照负荷分级，对各级负荷供电要求如下。

1）一级负荷供电要求。一级负荷应由两个电源供电。此处所说的两个电源，应符合下列条件之一：① 两个电源之间无联系；② 如果两个电源之间有联系，则发生任何一种故障时，两个电源的任何部分应不致同时受到损坏；③ 对于短时中断供电即产生相应后果的一级负荷，应能在发生任何一种故障且主保护装置（包括断路器，下同）失灵时，仍有一个电源不中断供电；④ 对于稍长时间中断供电才会产生相应后果的一级负荷，应能在发生任何一种故障且保护装置动作正常时，有一个电源不中断供电，并且在发生任何一种故障且主保护装置失灵以致两电源均中断供电后，应能在有人值班的处所完成各种必要操作，迅速恢复一种电源的供电。

2）二级负荷的供电要求。二级负荷的供电系统宜由两回线路供电。在负荷较小或地区供电条件困难时，二级负荷可由一回 6kV 及以上专用的架空线路或电缆供电。当采用架空线时，可为一回架空线供电；当采用电缆线路时，应采用两根电缆组成的线路供电，且每根电缆应能承受 100％的二级负荷。

3）应急电源级负荷中的特别重要负荷除应有上述两个电源外，还必须增设应急电源，即第三电源。也就是说，即使两个电源同时断电，特别重要负荷还有第三电源保证。

下列电源可作为应急电源：

① 独立于正常电源的发电机组。

② 供电网络中独立于正常电源的专用的馈电线路。

③ 蓄电池。

④ 干电池。

根据允许中断供电的时间，可分别选择下列应急电源：

① 允许中断供电时间为 15s 以上的供电，可选用快速自启动的发电机组。

② 自投装置的动作时间能满足允许中断供电时间的，可选用带有自动投入装置的独立于正常电源的专用馈电线路。

③ 允许中断供电时间为毫秒级的供电，可选用蓄电池静止型不间断供电装置、蓄电池机械储能电机型不间断供电装置或柴油机不间断供电装置。

➤ 供电系统主接线方式

变配电系统的电气接线图有主接线和副接线两种。主接线即一次接线，是电能传输分配的设备线路；副接线即二次接线，是测量、控制、信号的设备线路。主接线方式如图 2.3.1 和图 2.3.2 所示。

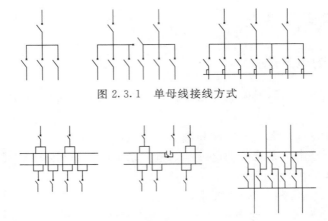

图 2.3.1　单母线接线方式

图 2.3.2　双母线接线方式

➤ 配电系统接线方式（见表 2.3.1）

表 2.3.1　配电系统接线方式分析表

方式	接线简图		特点		
	高压	低压	结构	功能	适用
放射式	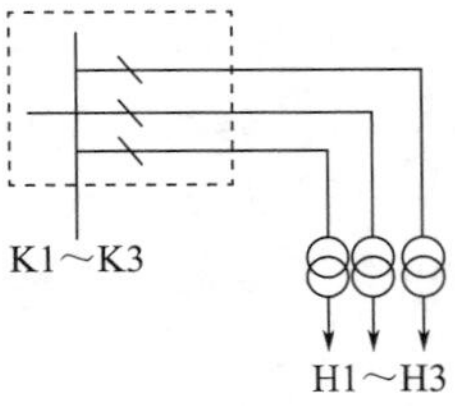 K1～K3 H1～H3	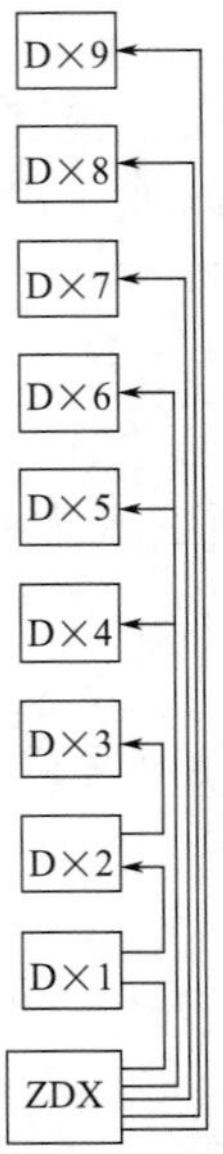 D×9 D×8 D×7 D×6	自源头分散，分支干线控制、保护	互不影响：可靠性高，继电保护，自动化，整定、投切容易；一路多出：线路数多，屏箱多，恢复故障难，总投资多	容量大，稳定性好，负荷重要，环境恶劣，有冲击负荷的系统
树干式	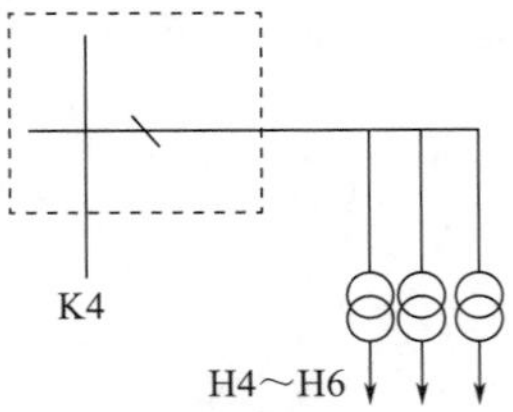 K4 H4～H6	D×5 D×4 D×3 D×2	公共主干线引出再分散，主干线即控制、保护	与放射式相反	与放射式相反
链式		D×1 ZDX ZDX 供给 DX7-DX9 是放射式；DX4-DX6 是树干式；DX1-DX3 是链式	自前级引入，向后级引出，前后串接成链	敷设方便，投资下降，其他同树干式	小容量，近距离，可靠性要求不高的系统（链限制在 3～5 台）

方式	接线简图		特点		
	高压	低压	结构	功能	适用
环式	K5 K6 H7～H9 H10～H12 （K7：开/闭环控制）	K8 K9 K10 H7-H12 与环网节点细部 K8/K9：环路开/闭控制 K10：本负荷离/入环控制	引入前级，引出后级，彼此连接成环（树干式的一种）	常规运行多开环，特殊情况才闭环。 机动性好，稳定可靠，继保难度大	城市供电，重要符合供电（环网柜专适用此方式使用）
工程首选	放射式：可靠性高，管理难度高，投资费用高				

> **备用电源**

当工作电源因故断电、停止供电，随着负荷重要性对不间断供电的要求不同而有下列诸方式供选用作备用电源。

1）另一路独立电源。系指来自另一个上一级变电所的电源，其独立性最好。

2）附近另一路电源。取自同一个上一级变电所的电源，其独立性次之。

3）逆变电源。

① UPS市电整流，对蓄电池充电，其直流逆变为交流作备用电源直不间断交直交逆变供电，功率较小。

② EPS市电对电池充电后，仅应急供电时才直交逆变。节能效率更高，功率可更大此。

4）燃油发电机多用柴油发电机作高层建筑备用电源。

2.3.2.2 动力系统

电力系统最终的电力负荷就是动力与照明两类，工业建筑无疑是动力远多于照明，随工艺而异。民用建筑中一般住宅和办公用电的动力相对照明回路更为简单。而民用建筑中高层，公共建筑中动力负荷占据用电负荷的主要地位，照明通常仅占20％～30％，且动力负荷多集中在建筑的下层和顶层。

建筑工程中的主要动力负荷就是电动机，多为中小型交流异步电动机。

2.3.2.3 照明系统

> **照明方式、种类与供电方式**

（1）照明方式

所谓照明方式是指照明设备按其安装部位或使用功能构成的基本制式。照明方式可分为一般照明、分区照明、局部照明和混合照明。

一般照明是不考虑特殊部位需要，为照亮整体场地而设置的照明方式。照明器在整个场所和局部基本采用对称布置的方式，一般照明可获得均匀的水平照度。

根据房间工作面布置的实际情况和需要，将灯具集中或分组集中在工作区上方，使房间在不同被照面上产生不同的照度，称为分区照明。

为满足某些部位（通常是很小区域）特殊需要而设置的照明方式则为局部照明，如仅限于工作面上的某个局部需要高照度的照明。而由一般照明与局部照明共同组成的照明就称为混合照明。

其适用原则应符合下列规定：

1）当不适合装设局部照明或采用混合照明不合理时，宜采用一般照明。

2）当某一工作区需要高于一般照明的照度时，可采用分区照明。

3）对于照度要求较高，工作位置密度不大，且单独装设一般照明不合理的场所，宜采用混合照明。

4）在一个工作场所内不应只装设局部照明。

（2）照明种类

照明种类可分为以下几类：正常照明、备用照明、安全照明、疏散照明、值班照明、警卫照明和障碍照明。其适用原则应符合下列规定：

1）正常照明：正常照明为永久安装的、正常工作时使用的室内外照明。它一般可单独使用，也可与事故照明、值班照明同时使用，但控制线路必须分开。

2）应急照明：正常照明因故障熄灭后而启用的照明。包括备用照明、安全照明和疏散照明。

当正常照明因故障熄灭后，对需要确保正常工作或活动继续进行的场所，应装设备用照明；对需要确保人员安全的场所，应装设安全照明；当正常照明因故障熄灭后，对需要确保员安全疏散的出口和通道，应装设疏散照明。暂时继续工作用的备用照明，其工作面上的照度不低于一般照明照度的 10% ；而安全照明的照度标准值，不应低于一般照明的 5% ；疏散人员用的疏散照明，主要通道上的照度不应低于 $0.5X$ 。

3）值班照明：在非工作时间内供值班人员用的照明。值班照明可利用正常照明中能单热控制的一部分或利用应急照明的一部分或全部。

4）警卫照明：用于警卫地区周围的照明。应根据需要，在警卫范围内装设。

5）障碍照明：装设在飞机场四周的高大建筑物或有船舶航行的河流两岸建筑上表示障碍标志用的照明。装设时应严格执行所在地区航空或交通部门的有关规定。

（3）照明供电方式

照明器的端电压偏移一般不高于其额定电压的 105% ，也不宜低于额定电压的下列数值。

1）对视觉要求较高的室内照明为 97.5% 。

2）一般工作场所的室内照明、露天工作场所照明为 95% ，对于远离变电所的小面积工作场所允许降低到 90% 。

3）疏散照明、道路照明、警卫照明及电压为 $12\sim42V$ 的照明为 90% （其中 12V 电压适用于检修锅炉用的手提行灯，36V 用于一般手提行灯）。

在一般小型民用建筑中照明负荷，线路电流不大于 30A 时，进线电源电压可采用 220V

单相供电。当照明容量较大的建筑物，应采用 380/20V 三相四线制供电。正常照明供电方式一般可由电力与照明公用的 380/220V 电力变压器供电。

对于某些大型厂房或重要建筑物可由两个或多个不同变压器的低压回路供电。对于容易触及而又无防止触电措施的固定式或移动式灯具，其安装高度距地面为 2.2m 及以下，且在高温或特别潮湿或具有导电灰尘或具有导电地面时，其使用电压不应超过 24V。

> **照明电光源**

常用照明电光源如图 2.3.3 所示。

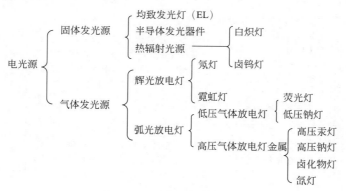

图 2.3.3 常用照明电光源

其中，除热辐射光源及弧光放电灯外均为非照明光源。常用电光源特性及应用场所如表 2.3.2所示。

表 2.3.2 常用电光源特性及应用场所

序号	光源名称	发光原理	特性	应用场所
1	白炽灯	钨丝通过电流时被加热而发出一种热辐射光	结构简单，成本低，显色性好，$Ra=95\sim99$，使用方便，有良好的调光性能，光电转换率低，发热量大，瞬时燃点	日常生活照明，工矿企业普通照明，剧院、舞台以及应急照明
2	卤钨灯	白炽灯充入微量的卤素蒸汽，利用卤素的循环提高发光效率	体积小，光线集中，显色性好，$Ra=95\sim99$，使用方便，卤钨循环，较长寿	剧院电视播放、绘图、摄影
3	荧光灯	氩、汞蒸气放电，发出可见光和紫外线，后者激励管壁荧光粉发出接近日光的混合光	发光效率高，粗、细管分别为 $26.7\sim57.1$lm/W，$58.3\sim83.3$lm/W。显色性较好，$Ra=70\sim80$，寿命长达 $1500\sim8000$h，需配用启辉器、镇流器、电感镇流频闪效应，功率因数低	住宅、学校、商业楼、办公楼、设计室、医院、图书馆等民用建筑应用最广泛
4	紧凑型高效节能荧光灯	同荧光灯，但采用稀土三基色荧光粉	集中白炽灯和荧光灯的优点，发光效率高达 $35\sim81.8$lm/W，寿命长达 $1000\sim5000$h，显色性好，$Ra=80$，体积小，使用方便，配用电子镇流器价格更高	住宅、商业楼、宾馆等照明，民用建筑推荐用

续表

序号	光源名称	发光原理	特性	应用场所
5	荧光高压汞灯	同荧光灯，不需预热灯丝	发光效率较白炽灯高，寿命长达3500～6000h，耐振性较好，燃点需要启动时间	道路、广场、车站、码头、工地和高达建筑的室内外照明
6	自镇流荧光高压汞灯	同荧光高压汞灯，不需镇流器	发光效率较白炽灯高，耐振性较好，省去镇流器，使用方便	广场、车间、工地等不便维修处
7	金属卤化物灯	将金属卤化物作为添加剂充入高压汞灯内，被高温分解为金属和卤素原子，金属原子参与发光。在管壁低温处，金属和卤素原子又重新复合成金属卤化物分子	发光效率高，达76.7～110lm/W，显色性较好，$Ra=63～65$，寿命长达6000～9000h，需配用触发器、镇流器，频闪明显对电压要求严	剧院、体育馆、展览馆、娱乐场所，道路、广场、停车场、车站、码头、工厂等
8	管形滴管	同金属卤化物灯	发光效率高，达44～80lm/W，显色性好，$Ra=70～90$，体积小，使用方便	机场、码头、车站、建筑工地、露天矿、体育场及电影外景摄制、电视（彩色）转播等
9	钪钠灯	同金属卤化物灯	发光效率高达60～80lm/W，显色性好，$Ra=55～65$，体积小，使用方便	工矿企业、体育场馆、车站、码头、机场、建筑工地、电视（彩色）转播等
10	普通高压钠灯	是一种高压钠蒸汽放电的灯泡，其放电管采用抗钠腐蚀的半透明多晶氧化铝陶瓷管职称，工作时发出金白色光	发光效率高达64.3～140lm/W，寿命长达12000～24000h，透雾性能好，显色性差，频闪明显，燃点需要启动时间	道路、机场、码头、车站、广场、体育馆及工矿企业
11	中显色高压钠灯	在普通高压钠灯基础上，适当提高电弧管内的钠分子，从而使平均显色指数和相关色温得到提高	发光效率高达72～95lm/W，显色性较好，$Ra=60$，寿命长，使用方便	高大厂房、商业楼、游泳池、体育馆、娱乐场所等室内照明
12	管形氙灯	电离的氙气激发而发光	功率大，发光效率较高，为20～271lm/W，触发时间短，不需镇流器，使用方便，俗称小太阳，紫外线强	广场、港口、机场、体育场等和老化试验等要求有一定紫外线辐射的场所

2.3.3 建筑弱电系统

建筑弱电系统主要用于完成建筑物内部与外部信息的传递与交换，是多种技术集成的系统工程，包括综合布线、计算机网络、安全防范、火灾自动报警及联动、楼宇机电设备监控、广播、会议等子系统。

2.3.3.1 计算机网络

计算机网络是建筑智能化的基础。在智能建筑内部，借助于通信网络，使分散在建筑物多的事务管理计算机实现了资源共享，构成了办公自动化系统，即 OAS；借助于控制网络，使分散在建筑物内部的不同类型的建筑设备和设施实现了综合自动化运行管理，即 BAS；通过网络互联，使不同楼宇、不同地域的不同类型计算机网络连成一体，使不同网络上的用户能够互相通信和交换信息，再加上上述的现代通信技术成为通信自动化系统，即 CAS；借助于网络互联及综合布线（即 PDS）技术，使建筑物或建筑群中的办公自动化系统、通信自动化系统、设备自动化系统（含安全防范自动化系统和消防报警系统）有机地结合在一起，形成一个相关互联、协调统一的系统——智能建筑。

➤ **基础**

计算机网络是由通信设备和线路将地理位置不同、功能独立的多个计算机或计算机系统互联起来，以功能完善的网络软件（网络协议、信息交换方式及网络操作系统）实现网络中资源共享和信息传递的计算机设备互联集合体，主要由三部分组成。

1）资源子网　负责处理信息，提供可用资源，用于执行用户程序和作业的数据终端设备。

2）通信子网　负责全网的信息传递，而不执行用户程序，包括传输介质、通信设备和通信控制设备等。通信媒体既可用有线方式（如双纹线、光缆），也可用无线方式（如微波卫星、红外线等）工作。

3）网络软件　包括通信协议、通信控制程序、网络操作程序和网络数据库等。

常见的拓扑结构形式有星形、总线、环形、树形、环星形等。

➤ **组成部分**

1）网络硬件部分　分为网络服务器、客户计算机、网络适配器、网络传输介质及网络连接和集线设备五类。

2）网络软件部分　完成各计算机间的数据通信和管理，实现数据共享。包括网络通信协议、网络操作系统及网络应用系统三部分。

2.3.3.2 综合布线系统

综合布线系统通常可划分为 6 个子系统：工作区子系统、水平子系统、干线子系统、设备间子系统、管理子系统和建筑群子系统。其功能如下。

1）工作区子系统。工作区布线子系统提供从水平子系统的信息插座到用户设备之间的连接，它包括工作站连线、适配器和扩展线等。

2）水平子系统又称为配线子系统，是综合布线系统的一部分。该子系统由用户工作区的信息插座、配线电缆或光缆、楼层配线设备和跳线组成。它与主干线子系统的区别在于配线子系统总是处于同一个楼层，并与信息插座连接。

3）干线子系统就是垂直子系统，该子系统由设备间的配线设备、跳线以及设备间到各楼层交换间的干线电缆组成，它将各楼层的管理子系统连接到主配线间。

4）管理子系统就在楼层配线间，它把水平子系统和垂直干线子系统连在一起或把垂直主干和设备子系统连在一起。通过它可以改变布线系统各子系统之间的连接关系，从而管理网络通信线路。

5）设备间子系统。设备间是用于在每一幢大楼的适当地点设置电信设备、计算机网络设备，以及建筑物配线设备，并进行网络管理的场所。设备间子系统的作用是把各种不同设备互连起来，设备间子系统由电缆、连接器和有关的支撑硬件组成。

6）建筑群子系统是将多个建筑物内的设备间子系统联在一起，包括光缆、电缆和电气保护设备。综合布线系统结构组成如图 2.3.4 所示。

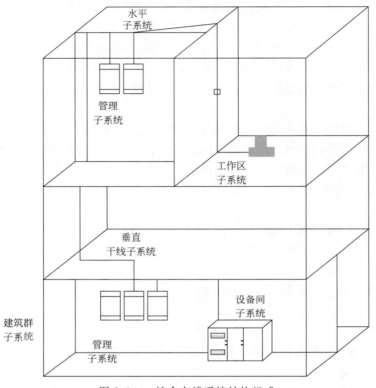

图 2.3.4　综合布线系统结构组成

2.3.3.3　安全防范系统

安全防范系统（SPS，security & protection system），以维护社会公共安全为目的，运用安全防范产品和其他相关产品所构成的入侵报警系统、视频安防监控系统、出入口控制系统、防爆安全检查系统等；或由这些系统为子系统组合或集成的电子系统或网络。

安全防范（系统）工程（ESPS，engineering of security & protection system），以维护社会公共安全为目的，综合运用安全防范技术和其他科学技术，为建立具有防入侵、防盗窃、防抢劫、防破坏、防爆安全检查等功能（或其组合）的系统而实施的工程。通常也称为技防工程。

入侵报警系统（IAS，intruder alarm system），利用传感器技术和电子信息技术探测并指示非法进入或试图非法进入设防区域的行为、处理报警信息、发出报警信息的电子系统或网络。一般由入侵报警探测器、传输和入侵报警控制器组成。如图 2.3.5 所示。

视频安防监控系统（VSCS，video surveillance & control system），利用视频技术探测、监视设防区域并实时显示、记录现场图像的电子系统或网络。一般由前端设备、传输和终端设备组成。前端设备包括摄像机、镜头、防护罩和云台，终端设备包括显示、存储和控制管理。

图 2.3.5 入侵报警系统结构图

出入口控制系统（ACS，access control system），利用自定义符识别或/和模式识别技术对出入口目标进行识别并控制出入口执行机构启闭的电子系统或网络。一般由识读部分、传输部分、管理/控制部分和执行部分以及相应的系统软件组成。如图 2.3.6 所示。

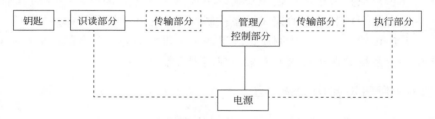

图 2.3.6 出入口控制系统结构图

电子巡查系统（GTS，guard tour system），对保安巡查人员的巡查路线、方式及过程进行管理和控制的电子系统。一般有离线式和在线式两种。离线式由巡更点信息纽扣、巡更棒和管理中心组成；在线式由巡更点信息纽扣、传输和管理中心组成。

停车库（场）管理系统（PLMS，parking lots management system），对进、出停车库（场）的车辆进行自动登录、监控和管理的电子系统或网络。由入口控制部分、出口控制部分、（库）场内监控部分、中心管理/控制部分组成。简单的系统不设置（库）场内监控部分，如图 2.3.7 所示。

防爆安全检查系统（SISA，security inspection system for anti-explosion），检查有关人员、行李、货物是否携带爆炸物、武器和/或其他违禁品的电子设备系统或网络。

安全管理系统（SMS，security management system），对入侵报警、视频安防监控、出入口控制等子系统进行组合或集成，实现对各子系统的有效联动、管理和/或监控的电子系统。

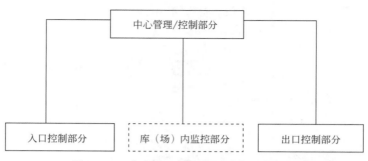

图 2.3.7　停车库（场）管理系统组成框图

2.3.3.4　火灾自动报警及联动系统

火灾自动报警系统（AFAS，automatic fire alarm system），是探测火灾早期特征，发出火灾报警信号，为人员疏散、防止火灾蔓延和启动自动灭火设备提供控制与指示的消防系统（GB 50116—2013）。

火灾自动报警系统一般由触发装置、火灾报警装置、火灾警报装置、电源以及消防联动控制装置组成。触发装置包括紧急报警装置和火灾探测器。根据探测原理，可将火灾探测器分为感烟、感温、感光、可燃气体和复合探测器五种。火灾报警装置主要指火灾报警控制器和火灾显示盘。火灾警报装置则用于发出声、光报警。系统主电源应当采用消防电源，备用电源一般采用蓄电池组。消防联动控制装置用于联动自动灭火、防排烟、防火分隔设施和安全疏散指示标志等消防设施。

系统形式有区域、集中和控制中心火灾自动报警系统三种。仅需要报警，不需要联动自动消防设备的保护对象宜采用区域报警系统；不仅需要报警，同时需要联动自动消防设备，且只设置一台具有集中控制功能的火灾报警控制器和消防联动控制器的保护对象，应采用集中报警系统，并应设置一个消防控制室；设置两个及以上消防控制室的保护对象，或已设置两个及上集中报警系统的保护对象，应采用控制中心报警系统。

2.3.3.5　建筑设备自动化系统

建筑设备自动化系统（BA 系统）的作用是实现建筑物设备的自动化运行。通过网络系统将分布在各监控现场的系统控制器连接起来，实现集中操作、管理和分散控制的综合自动化系统。

BA 系统的目标就是对建筑物的各类设备进行全面有效的自动化监控，使建筑物有一个安全和舒适的环境，同时实现高效节能的要求，对特定事件做出适当反应。它的监控范围通常包括冷热源系统、空调系统、送排风系统、给排水系统、变配电系统、照明系统和电梯系统等。

➤ 系统组成

建筑设备自动化系统和一般的自动化系统一样，基本上由三个部分组成：测量机构、执行机构、控制器。

1）测量机构。人们常常称它们为传感器，或者测量变送器，其作用就是把一些非电信号物理量转换为电信号，如压力、流量、成分、温度、pH 值、电流、电压和功率等。

2）执行机构。如调节加热功率的调功器、调整阀门开度的阀门执行器和调节风机转速的变频器等。

3）控制器。建筑设备自动化系统的控制器称为直接数字控制器（DDC），是一种可编程序逻辑控制器，具有 DI、DO、AI、AO 四种输入输出端口类型。

➢ **系统架构**

按控制方式分类，目前主要有集散控制系统和现场总线控制系统两种形式。

集散控制系统一般分为三级。现场控制级，承担分散控制任务并与过程及操作站联系；监控级，包括控制信息的集中管理；企业管理级，把建筑自动化系统与企业管理信息系统有机地结合起来。集散控制系统结构如图 2.3.8 所示。

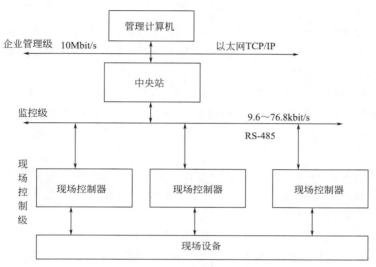

图 2.3.8　集散控制系统结构

2.3.3.6　公共广播系统

广播系统又称为广播音响系统，它设于公共场所，按照功能有公共广播、背景音乐或应急广播。

广播系统通常由节目源设备（电子语音盘、录/放音、话筒等设备）、信号放大和处理设备（功率放大器）、传输线路和扬声器四大部分组成。需要时可增加音频处理设备、计算机管理系统等公共广播、背景音乐或应急广播这三个功能可以用一套设备实现，平时用于播放业务广播或背景音乐，发生火灾或紧急状态下自动切入紧急广播，并能实现分区输出指挥疏散。需要时，系统可与安防、消防系统联动。

（1）节目源

节目源通常有无线电广播（调频、调幅）、普通唱片、激光唱片（CD）和盒式磁带等，设备有 FM/AM 谐调器（接收机）、电唱机、激光唱机和录音卡座等。此外，还有传声器（话筒）、电视伴音（包括影碟机、录像机、激光唱机和卫星电视的伴音）、电子乐器等。

（2）信号放大和处理设备

信号放大和处理设备包括调音台、前置放大器、功率放大器和各种控制器及音响加工设备等。这部分设备的主要任务是信号的放大（包括电压放大和功率放大）和信号的选择（即通过选择开关选择所需要的节目源信号）。

调音台与前置放大器的作用或地位相似（调音台的功能和性能指标更高），它们的基本功能是完成信号的选择和前置放大，此外还担负对重放声音的音色、音量和音响效果进行各种调整和控制任务。有时为了更好地进行频率均衡和音色美化，还另外单独接入均衡器。

功率放大器则将前置放大器或调音台送来的信号进行功率放大，通过传输线路去推动扬声器放声。

（3）传输线路

对于礼堂、剧场、歌舞厅、卡拉OK厅等，由于功率放大器的距离较近，故一般采用低阻大电流的直接馈送方式。传输线即所谓的喇叭线，要求截面较大的粗线。由于这类系统对重放音质要求较高，故常用专用的喇叭线。

对于公共广播系统及客房广播系统，由于服务区域广、距离长，为了减少传输线路引起的损耗，常要求采用高压传输方式。这种方式由于传输电流较小，故对传输线要求不高。此方式通常也称为定压式传输。

另外，在客房广播系统中，有一种与宾馆CATV（共用天线电视系统）共用的载波传输系统，这时的传输线就使用CATV的视频电缆，而不用一般的音频传输线对于整个居住区或建筑群的广播，目前可采用网络方式，采用光纤和对绞线电缆传输。

（4）扬声器

扬声器系统也称音响或扬声器箱，其作用是将音频电能转换成相应的声能。由于从音响发出的声音是直接放送到人耳，所以其性能指标将影响到整个放声系统的质量。音箱通常由扬声器、分频器、箱体等组成。

智能化广播系统是指全面引入计算机管理的广播系统。智能化公共广播主机具有分区、定时、寻呼、遥控、强插、电话和警报管理等功能，同时能提供24h不间断的背景音乐，以及可预置的固化录音。

2.3.3.7　会议系统

（1）会议管理系统

系统设置一台会议管理计算机，会议管理计算机放在大厅，留有与物业管理系统的接口，装有会议管理软件，管理软件的功能包括编辑会议主题、会议内容、播放媒体广告、会议计时、会议的结算收费、打印会议费用清单等，并配有一台打印机，会议管理计算机通过综合布线和网络与各个会议室门口的PDP连接。

在大堂设置引导显示屏，集中显示各会议室会议主题及会议主办单位。在每个会议室门口墙上设置一个PDP显示屏，显示会议的举办单位和会议主题、媒体广告等内容。

（2）会议发言、讨论系统

会议发言、讨论系统具有讨论、发言、扩音、投影等功能，会议由主持人通过主席机优先控制键控制会议，可以使其他代表的话筒暂时关闭；代表机可以通过话筒，内置扬声音器或耳机进行交流。

会议发言和讨论系统由中央控制器、代表机、投影机、功放等部件组成，如图2.3.9所示。

代表机：可以通过话筒，内置扬声器或耳机进行交流。

主席机：除了有代表机的所有功能外，还带有一个优先键，可以暂时或永久的强行控制已启动静音的话筒。

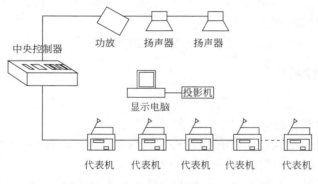

图 2.3.9　会议发言和讨论系统

中央控制器：是系统的核心，他除了控制主席机和代表机外，还具有音频输入和输出接，其控制器上的音频输出可以连接到扩音系统上来完成整个大厅的声音传送。

2.3.3.8 信息引导及发布系统

信息引导及发布系统主要向建筑物内的公众或来访者提供告知、信息发布和演示及查询等功能，如图 2.3.10 所示。

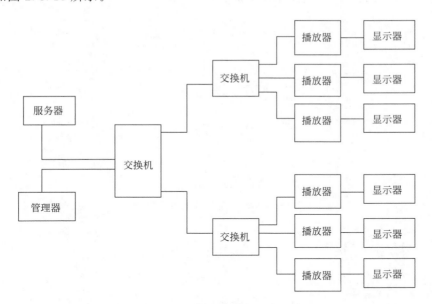

图 2.3.10　信息引导及发布系统

系统主要由信息采集、信息编辑、信息播控、信息显示和信息导览组成。

1）信息显示屏。目前有液晶显示屏、等离子显示屏、电视显示屏、LED 显示屏等类型。大小也有多种。各类显示屏具有多种输入接口方式。应根据所需提供观看的范围、距离及具体安装的空间位置及方式等条件合理选用显示屏的类型及尺寸。

2）信息引导及发布系统有专用的服务器和控制器。同时配置信号采集和制作设备及选用相关的软件，能支持多通道显示、多画面显示、多列表播放，支持所有格式的图像、视频、文件显示及同时控制多台显示屏显示相同或不同的内容。

3）系统的信号传输。是可以纳入建筑物内的信息网络系统并配置专用的网络适配器或专用局域网或无线局域网的传输系统。

4）信息导览系统可以用触摸屏查询、视频点播和手持多媒体导览器的方式浏览信息。

2.3.3.9 时钟系统

时钟系统是为一个建筑物、建筑群或单位提供统一时间信息的系统，可以为工作安排、考勤、财务管理、物流、计算机网络等提供时间信号。

时钟系统一般采用全球定位系统（GPS）进行授时。母钟可向其他有时基要求的系统提供同步校时信号。一般采用母钟、子钟组网方式。系统可采用总线、自由拓扑、星形拓扑结组网。同时可为其他数字系统提供时间参考信号，如计算机网络系统、机床控制、安全防范系统、考勤系统、广播电视系统等。时钟系统和建筑物监控中心系统连接，通过中央监控系统主机实现系统的网络控制、时间设定、时间提示等。

图2.3.11是一种单母钟时钟系统。其中管理机就是一台配置有时钟管理软件的计算机实现时钟系统的故障管理、性能管理、配置管理、安全管理、状态管理。在要求高的场所也可以采用双母钟的时钟系统。子钟网络可以采用CAN或RS485总线。

在天线部分可以接入避雷器。授时天线安装时，应远离高压线及强电场、磁场等干扰源。信号电缆线铺设时，应远离高压线、电源线、电话线等。

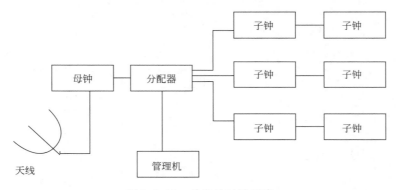

图2.3.11 单母钟时钟系统

2.3.4 防雷与接地

2.3.4.1 防雷

建筑物应根据其重要性、使用性质、发生雷电事故的可能性和后果，按防雷要求分为三类，即第一类、第二类、第三类防雷建筑物，并相应采取不同的防雷措施。

建筑物电子信息系统的雷电防护等级，按防雷装置的拦截效率划分为A、B、C、D四级。可按雷击风险评估或建筑物电子信息系统的重要性确定雷电防护等级。

防雷装置分为外部防雷装置和内部防雷装置两种。外部防雷装置主要防护直接雷，由接闪器、引下线和接地装置组成。

内部防雷装置主要防护感应雷，由等电位连接装置、接地装置、屏蔽装置、浪涌保护器等组成。

2.3.4.2　接地

低压配电系统的接地通常分为系统接地和保护接地两类。

根据 IEC 标准，系统的接地形式分为 TN、TT 和 IT 三种。第一个字母说明电源是直接接地（T），还是对地绝缘或经阻抗接地（I）；第二个字母表示系统内外露导电部分（如设备外壳）是经中性线在电源处接地（N），还是单独接地（T）；第三四个字母说明中性线和保护线是合用一根导线（C），还是各用各的导线（S）。如图 2.3.12～图 2.3.14 所示。

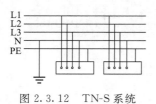
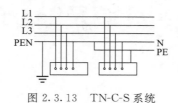
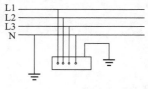

图 2.3.12　TN-S 系统　　　　图 2.3.13　TN-C-S 系统　　　　图 2.3.14　TT 系统

第3章

建筑结构BIM模型创建介绍及MagiCAD使用概述

 问题导入

1. Revit 操作界面都由哪几部分组成？各部分的作用是什么？

2. 新建项目的基本流程是怎么样的？基本图元的绘制方法和流程如何？

3. MagiCAD 该如何建立项目？数据集和产品库的调用方法和流程是什么？

本章内容框架

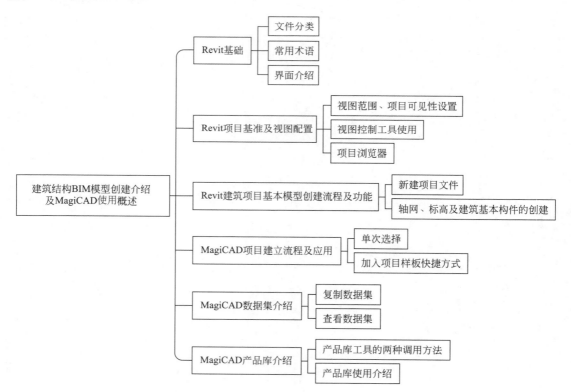

3.1 Revit 基础（Revit 界面、术语、文件介绍）

在 Revit 中最常用的术语有：项目文件、项目样板文件、Revit 族文件、参数化。

项目文件：在 Revit 中，所有的设计模型、视图及信息都存储在一个后缀名为".rvt"的文件中，这个格式的文件就是项目文件。它包含了本项目中所有信息（包括构件信息、视图信息、明细表信息等）。

项目样板文件：在 Revit 新建项目时，Revit 会自动以一个后缀名为".rte"的文件作为项目的初始条件，这个格式的文件就是项目样板文件，项目样板文件的作用是作为项目的一个样板，使不同项目文件中的相同内容不需要重复操作和建立。

Revit 族文件：后缀名为".rfa"，Revit 模型中所有的构建（门、窗、墙、梁、柱、设备、管道等）都被称为图元，所有的图元都是使用"族"来创建的，族是项目中图元三维模型的集合称呼。

参数化：参数化设计是 Revit 的一个重要特征，通过修改参数数值的方式来控制实体三维模型的各种尺寸。

Revit 软件的界面如图 3.1.1 所示，在界面上方有功能区，实现功能的大部分按钮都在这个界面，各个不同模块将功能区的功能进行了区分，通过选择不同模块选择相应功能。

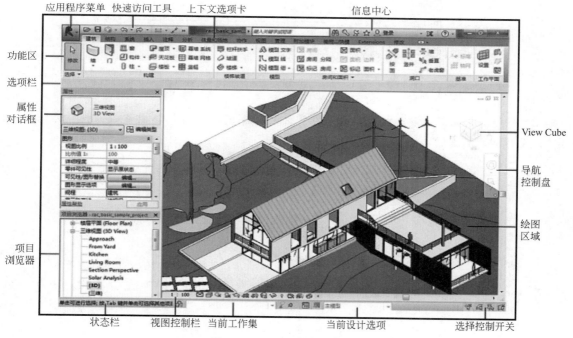

图 3.1.1　Revit 软件的界面

在中部区域的左侧或右侧会有属性对话框和项目浏览器，属性对话框可以修改选中图元的属性，根据选中图元的不同会有不同的属性项目，当不选择任何图元时，显示的内容是当前视图的属性信息。

项目浏览器包含了本项目的视图、图纸、族控制等内容，是切换视图、修改查找族文件的地方。

3.2 Revit 项目基准及视图配置

3.2.1 视图范围、项目可见性设置

➤ 视图范围的设置

1）（平面视图）视图范围是指在当前平面视图下，标高范围在多少的模型能够被看到，不在此视图范围的模型在当前视图无法查看，如图 3.2.1 所示，在"属性"选项板中，找到"视图范围"参数，并单击"编辑"。或者，通过快捷命令输入"VR"。

图 3.2.1

2）将剖切面偏移量设置到可以剖切到想要看到图的高度（具体设置数值视具体情况而定）；设置剖切高度后，点击"应用"（图 3.2.2）。

图 3.2.2

➤ 视图可见性的设置

1）视图可见性是指在当前视图中，哪些类别的模型需要显示，主要的作用是调整模型显示的类别，使显示出来的模型符合用户的需要。具体的修改方式是在"属性"选项板中，找到"可见性/图形替换"参数，并单击"编辑"。或者，通过快捷键命令"VV"。如图 3.2.3所示。

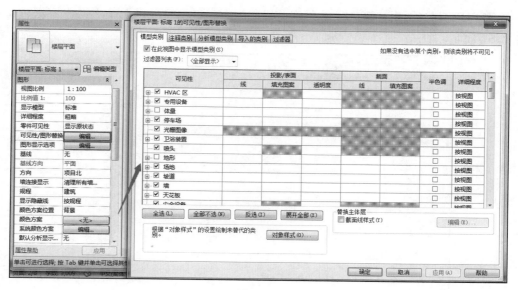

图 3.2.3

2）通过过滤器列表中选择需可见构件的分类，若设置"窗"的可见性，则在过滤器列表"√"建筑，在可见性列表下找到窗，并"√"窗，点击确定。如图 3.2.4 所示。

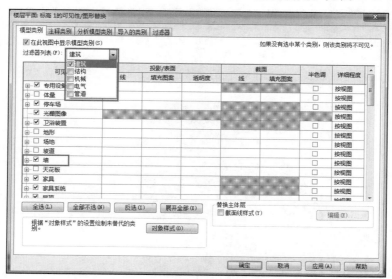

图 3.2.4

3）若需设置某构件不可见，则取消"√"选。如图 3.2.5 所示。

3.2.2 视图控制工具使用

1）打开一个 Revit 模型（比如 Revit 默认提供的项目样例），如图 3.2.6 所示界面。

2）在视图控制栏，可以控制调节视图的比例大小，以及视图显示的粗略程度。如图 3.2.7所示。

3）在着色样式中可以选择显示的程度，如图所示，为显示的真实样式。

本部分是控制视图中模型的显示颜色、精度等内容，用户可以调整不同内容进行查看，了解其区别。

图 3.2.5

图 3.2.6

图 3.2.7

3.2.3 项目浏览器

项目浏览器是 Revit 中非常重要的一个工具，项目浏览器集合了所建项目的各种视图、图纸和明细等信息，通过项目浏览器可以非常方便地查看所建模型和寻找模型中指定的构件。

1) 当软件界面的项目浏览器被关闭时，可以手动打开，具体操作方法如图 3.2.8 在视图选项栏里面点击用户界面，勾选"项目浏览器"，即可显示项目浏览器，在此处也可以对其他视图窗口进行修改，例如：属性、快捷键等。

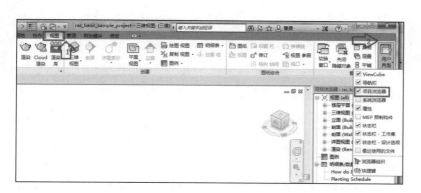

图 3.2.8

图 3.2.9

2) 如图 3.2.9 所示，在项目浏览器中可以查看楼层平面、三维视图、立面信息，和所创建的图纸以及明细表/数量等。

3.3 Revit 建筑项目基本模型创建流程及功能

3.3.1 新建项目文件

启动 Revit 后，单击左上角图标，点击"新建"选项卡中的"项目"，样板文件选择"建筑样板"，点击确定按钮。此时进入绘制界面，软件默认进入首层的平面视图。

在平面视图中可以见到 4 个立面符号，通过鼠标滚轮前滑以及按住鼠标滚轮移动视图，将立面符号围合的区域扩大一定的范围，使我们的绘图区域在此 4 个里面符号范围内。

新建的项目打开后，继续单击左上角图标，在弹出的下拉对话框中依次选择"另存为" - "项目"，将样板文件另存为项目文件，在弹出的框中将"文件名"改成需要的名称，"文件类型"选择 rvt 结尾的，即项目文件，以防将原有的样板文件替换。

【注意】 Revit2017 共自带 4 种样板文件，用户可根据自身需求设置满足自己建模要求的样板文件。

3.3.2 轴网、标高及建筑基本构建的创建

3.3.2.1 标高的绘制

在项目浏览器中展开"立面（建筑立面）"项，可以在任意一个立面选项下创建标高，本实例中以"东"立面为准。双击"东立面"视图名称，切换至东立面视图。在东立面视图中，显示项目样板中设置的默认标高 1 和标高 2，且标高 1 为 ±0.000m，标高 2 为 4.000m。可以根据实际情况修改标高高度和标高名称，如图 3.3.1 所示。

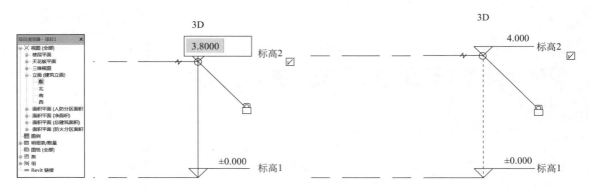

图 3.3.1

将鼠标指针移动至标高 2 的标高值上，单击标高值，即进入标高值文本编辑状态，删除文本编辑框内的数字，输入 3.8，按回车键确认输入，Revit 将向下移动至 3.8m 位置，同时该标高与标高 1 之间的距离为 3800mm。

选择建筑"常用选项卡"-"基准面板"-"标高"命令（或者输入"LL"命令），移动鼠标指针至标高 2 上方任意位置，鼠标指针将显示为绘制状态，移动鼠标当指针位置与标高 2 端点对齐，单击鼠标左键，确定为标高起点，沿水平方向向右移动鼠标，当指针移动至已有标高右侧端点位置时，Revit 将显示端点对齐位置，单击鼠标左键完成标高绘制。

单击"标高 1"视图名称，单击后输入"1F"，弹出"是否希望重命名相应视图"，单击"是"，项目浏览器"楼层平面"中的视图名称会自动改成相应的名称。其他楼层也可进行相应的操作，如图 3.3.2 所示。

单击"属性"面板中的类型选择器列表，在弹出的列表中将显示当前项目中所有可用的标高类型。移动鼠标指针至"上标头"处单击，将"上标头"类型设置为当前类型。

根据以上操作，完成标高的相应绘制。

【注意】 立面只需要绘制一次，其他相应立面都可自动显示，原样板文件中已将标高单位设定为"米"，小数保留"3 位"。

3.3.2.2 轴网的绘制

在项目浏览器中双击"楼层平面"下的"1F"视图，打开 1 层平面视图。

选择"建筑"选项卡-"基准面板"-"轴网"命令（或者输入"GR"命令），自动切换

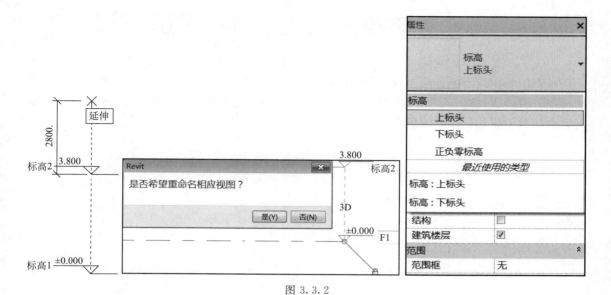

图 3.3.2

至"修改/放置轴网"上下文选项卡,进入轴网绘制状态。首先绘制①号轴线,由于原有样板文件的默认设置,因此绘制出的轴线中间是断开的,此时单击"属性"-"编辑类型",进入 6.5mm 编号间隙"类型属性"编辑对话框,将"轴线中段"改成"连续",勾选"平面视图轴号端点 1(默认)"。点击"确定",完成轴网 6.5mm 编号间隙的类型属性编辑(图 3.3.3)。

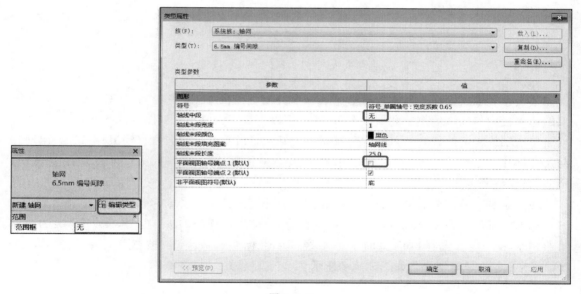

图 3.3.3

选中①号轴线,自动切换至"修改/轴网"上下文选项卡,单击"修改"面板中的"阵列"工具▦(或者输入快捷命令"AR"),进入阵列修改状态。设置选项栏中的阵列方式为"线性",取消勾选"成组并关联",设置项目数为 4,移动到"第二个",勾选"约束"选项(如图 3.3.4)。

| 修改 \| 轴网 | ⫿⫿⫿ ⟳ | ☐ 成组并关联 项目数: **4** | 移动到: ◉ 第二个 ○ 最后一个 | ☑ 约束 |

图 3.3.4

单击①号轴线上的任意一点，作为阵列基点，向右移动鼠标指针至与基点间出现临时尺寸标注。直接通过输入 4800 作为阵列间距并按键盘回车键确认，Revit 将向右阵列生成轴网，并按数值累加的方式为轴网编号。如图 3.3.5 所示。

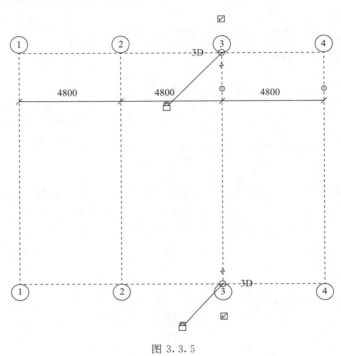

图 3.3.5

单击④号轴线，在弹出的选项卡中选择"复制"工具 ✎（或者输入"CO"命令），在下面的选项栏中勾选"约束"和"多个"，这样可以连续正交复制。如图 3.3.6 所示。

单击轴线④上的任意一点作为复制操作的基点，沿垂直方向向右移动鼠标指针，出现临时尺寸标注。输入 7200，按键盘回车键确认。在④轴线右方 7200mm 处复制生成轴线，Revit 自动编号为⑤。

使用绘制、阵列或者复制方式，按相同的方法完成其余⑥⑦⑧⑨⑩轴线的绘制。

选择"轴网"命令（或者输入"GR"命令），使用同样的方法在①号轴线下标头的左上方绘制水平轴线。选择刚创建的水平轴线，单击标头，数字 11 被激活，输入新的标头"A"，完成"A"轴创建，如图 3.3.7 所示。

| 修改 \| 轴网 | ☑ 约束 ☐ 分开 ☑ 多个 |

图 3.3.6

图 3.3.7

选择 A 轴线，点击功能区的"复制"命令（或者输入"CO"快捷命令），在选项栏中再次勾选"约束"和"多个"，然后向上移动光标，依次输入间距值 7200，6000，2400，

6900，完成 B、C、D、E 轴的创建，在每次输入间距值后按回车键确认。

当所有轴线绘制完成后，需要将轴网进行锁定，防止在后期的绘图过程中导致轴网的移动。点击鼠标左键，从轴网视图右下角向左上角框选，当所有轴网被选中后，单击"锁定"工具（或者输入"PN"快捷命令）。

【注意】 在 Revit 中轴网也只需要在其中一个平面视图绘制一次，其他平、立、剖面会自动生成。

3.3.2.3 链接 CAD 图纸

单击"插入"选项卡中，选择"链接 CAD"，选择所需要链接的 CAD 文件，如图 3.3.8所示。

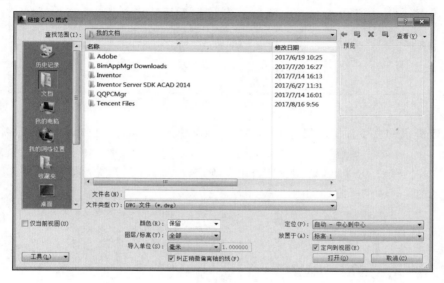

图 3.3.8

"导入单位（S）"选项卡选择"毫米"，"放置于（A）"选项卡选择所需要放置的楼层。

勾选"仅当前视图（U）"，单击"打开"。

将 CAD 文件与所绘制的轴网对齐，使用对齐命令"AL"（或单击"修改"选项卡中，选择"对齐"工具），先点击已绘制的轴网，再点击 CAD 图纸中所对应的轴网，当 CAD 图纸中的轴网与 Revit 中所绘制的轴网对齐完成之后，输入"PN"命令（或单击"修改"选项卡中，选择"锁定"工具），将链接的 CAD 进行锁定。

3.3.2.4 柱的创建

1）选中"结构"选项卡-"结构"面板-"柱"命令（或者输入"CL"快捷命令），当柱命令激活后，从"属性"下拉菜单中选中相应规格尺寸的柱子。如图 3.3.9所示。

图 3.3.9

2）Revit 原有样板文件中柱的种类并不能满足建模的要求，需要自己载入部分族，甚至自己创建某些族。单击"载入族"命令，弹出"载入族"对话框，双击相应族库 China 文件下的"结构-柱-混凝土-正方形-柱"，单击"打开"确认，如图 3.3.10 所示。

图 3.3.10

3）由于载入的族中柱子的尺寸并不一定与实际尺寸相吻合，可以根据实际需要将载入的族进行编辑。单击"属性"中的"编辑类型"，弹出"类型属性"框，单击"复制"，在弹出的框中输入名称"500×500mmKZ1"，单击确定，然后将 h 和 b 的值都改成 500，再次单击确定，完成柱的编辑修改。如图 3.3.11 所示。

图 3.3.11

柱的放置可以逐一进行放置，也可以使用快捷命令。在这里，讲解在轴网相交处放置柱。首先激活新创建的"混凝土-正方形-柱 500×500mmKZ1"，然后单击常用选项卡中的"修改/放置结构柱"-多个面板下的"在轴网处"，如图 3.3.12 所示。

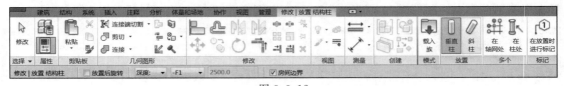

图 3.3.12

然后点击所需要放置 KZ1 柱子位置处的两条轴线，单击"完成"。

3.3.2.5　梁的创建

1) 如图 3.3.13，选中"结构"面板-"梁"命令（或者输入"BM"快捷命令），此时，梁命令被激活。首先确定梁的放置平面，当绘制首层的梁时，放置平面选择"2F"，如图 3.3.14 所示。

图 3.3.13

图 3.3.14

2) 如图 3.3.15 所示，当"梁"命令被激活后，点击"属性"列表中的下拉图标，选择"矩形梁"。

3) 如图 3.3.16 所示，点击"编辑类型"，进入矩形梁属性编辑界面。由于本次所建模型中梁的尺寸为 300mm×500mm，与族库尺寸不匹配，为此，点击"复制"，将名称命名为"300×500"，如图 3.3.17 所示。与此同时，如图 3.3.18 所示，将"b"的尺寸输入"300"，将"h"的尺寸输入"500"。

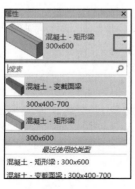

图 3.3.15

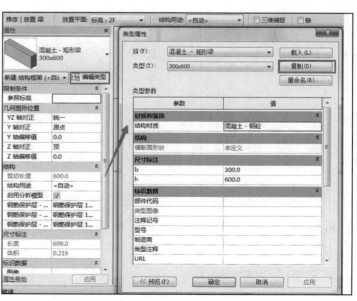

图 3.3.16

4）如图 3.3.19 所示，选择限制条件参照标高选择"2F"，为此 Z 轴偏移值输入"－500"。

图 3.3.17

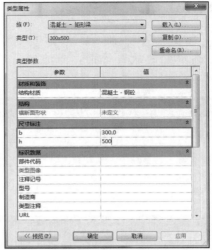

图 3.3.18

图 3.3.19

5）如图 3.3.20 所示，单击"修改/放置梁"-绘制面板下的"∠"。

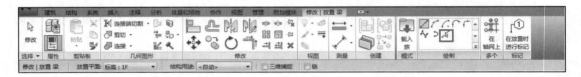

图 3.3.20

6）如图 3.3.21 所示，将鼠标移至绘图界面，单击窗口中梁的边界线，此时梁已绘好，如图 3.3.22 所示。

7）将所绘制"梁"与图纸中梁边界对齐，输入"AL"对齐命令，（或单击"修改"选项卡中，选择"对齐"工具▙），先点击图纸中梁的边界，再点击 Revit 所绘制的梁边界。

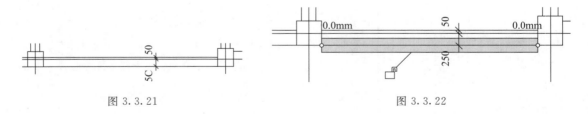

图 3.3.21

图 3.3.22

【注意】 当 Revit 样板文件中没有所需要的"梁"族库时，可通过载入族库中对应的"梁"的类型。

3.3.2.6 墙的创建

1）如图 3.3.23 所示，单击"建筑"面板中"墙"命令，或者输入命令"WA"命令。

图 3.3.23

2）如图 3.3.24 所示，在"修改/放置墙"面板下，高度默认"2F"，定位线选择"面层面：外部"，偏移量默认"0"。

图 3.3.24

3）如图 3.3.25 所示，单击"编辑类型"进入类型属性命令框，单击"复制"。由于所绘制的外墙墙体厚度为 250mm，因此将名称重新命名为"外墙－250"，如图 3.3.26 所示，单击"确定"。由于墙体所绘制的高度是从 1F 到 2F，加之所绘制的墙体顶上有 600mm 高的梁，因此"底部限制条件"选"1F"，"顶部约束"选择"直到标高：2F"，顶部偏移输入"－600"。

【注意】　当墙体顶部没有偏移时，顶部偏移输入"0"。

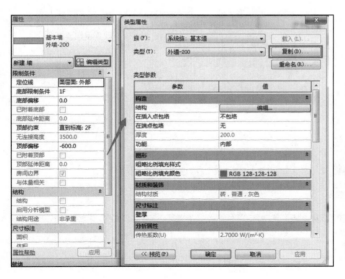

图 3.3.25

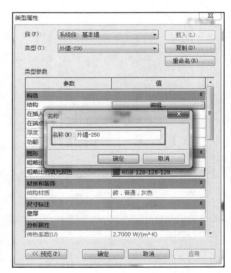

图 3.3.26

4）如图 3.3.27 所示，在"外墙－250"类型属性中单击"结构"面板中的"编辑"，进入"编辑部件"面板，将"结构"的厚度由"200"改成"250"，点击"确定"如图 3.3.28 所示。

5）如图 3.3.29 所示，单击"修改/放置墙"-绘制面板下的"⊿"。

6）如图 3.3.30 所示，将鼠标移至绘图界面，单击窗口中墙的边界线，即完成墙的绘制。

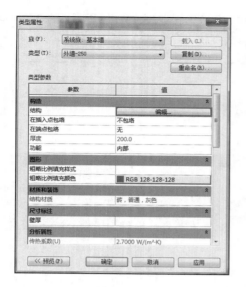

图 3.3.27

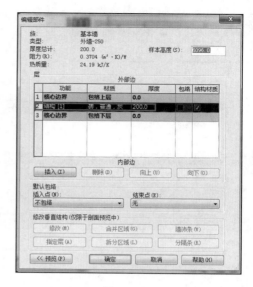

图 3.3.28

图 3.3.29

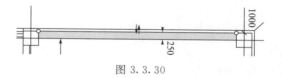

图 3.3.30

3.3.2.7 门窗的创建

1）当建筑墙体绘制完成之后，如图 3.3.31 所示，单击"建筑"面板中"门"命令，或者输入命令"DR"命令。

图 3.3.31

2）在墙主体上移动光标，当门位于正确的位置时，单击鼠标左键确定，如图 3.3.32 所示。

【注意】 1）插入门窗时输入"SM"，自动捕捉到中点插入。

2）插入门窗时在墙内外移动鼠标改变内外开启方向，按空格键改变左右开启方向。

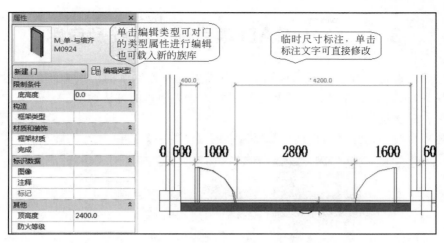

图 3.3.32

3.3.2.8　楼板的创建

1）当柱、梁、墙绘制完成之后，如图 3.3.33 所示，单击"结构"面板中"楼板"命令，或者输入命令"SB"命令，选择"楼板：结构"。

图 3.3.33

2）如图 3.3.34 所示，点击"修改/创建楼层边界"-"绘制"中的"╱"。

图 3.3.34

3）如图 3.3.35 所示，沿着所需要绘制楼板的边界绘制楼板的边界，当形成一个闭合楼板之后，点击"修改/创建楼层边界"-"模式"中的"✓"，即完成楼板的建模。

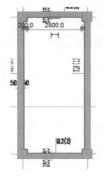

图 3.3.35

3.4 MagiCAD 项目建立流程及应用

当建立建筑设备工程项目时,选用的项目样板就不是本章前文所介绍的"建筑样板",而是要选择 MagiCAD 自带的建筑设备专用样板。建立项目的方法如下。

方法一:单次选择建立。

在新建项目时,选择【新建项目】对话框的【浏览…】按钮(图 3.4.1)。

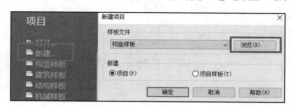

图 3.4.1

在选择样板对话框中,通过向上、后退等操作,将路径定位到 C:\ ProgramData \ MagiCAD-RS \ 2018_r2017 \ Templates \ CHN 中(如图 3.4.2)。

选择该路径下的 CHN-MCREV-2018_d_r2017,并单击右下角的打开按钮,采用选用的样板新建项目(图 3.4.3)。

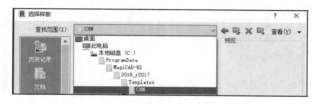

图 3.4.2

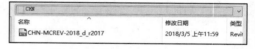

图 3.4.3

采用该种方式新建项目的优点是操作简便,缺点是每次新建都需要重新操作一次,对于只采用一次该项目样板的情况适用,但如果在后期操作中经常新建项目文件就需要使用方法二了。

方法二:将 MagiCAD 项目样板加入项目样板快捷方式。

在打开软件后,选择左上角的应用程序菜单 ![R], 选择其中的 [选项] [退出 Revit],打开选项设置对话框,选择对话框中的"文件位置"页签,并选择其中的"➕"号,如图 3.4.4 所示。

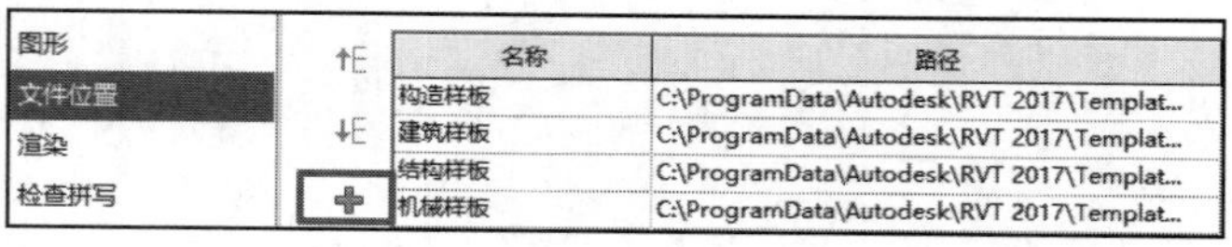

图形		名称	路径
文件位置	↑E	构造样板	C:\ProgramData\Autodesk\RVT 2017\Templat...
渲染	↓E	建筑样板	C:\ProgramData\Autodesk\RVT 2017\Templat...
		结构样板	C:\ProgramData\Autodesk\RVT 2017\Templat...
检查拼写	➕	机械样板	C:\ProgramData\Autodesk\RVT 2017\Templat...

图 3.4.4

在对话框中选择方法一中说明的路径,同样找到 CHN-MCREV-2018_d_r2017 文件并点击【打开】(图 3.4.5)。

在图 3.4.4 列表的基础上多了一列内容,点击内容第一列修改该项目样板的名称,本书中将名称改为"MagiCAD 通用样板"(如图 3.4.6),单击选项对话框右下角的【确定】,关闭对话框。

图 3.4.5

图 3.4.6

回到初始界面后，在【项目】下会出现刚才建立并修改名称的"MagiCAD通用样板"，点击该样板则自动采用本样板新建项目。如图 3.4.7 所示。

方法二的优点是通过一次修改，将常用的项目样板固定在软件开始界面，此后再次使用该样板新建项目时，可以不用再寻找相应路径，通过直接点击对应的项目样板文件即可。

此时打开的项目为采用 MagiCAD 项目样板建立的项目，可以在项目浏览器看到根据不同专业建立的组织结构（图 3.4.8）。

图 3.4.7

图 3.4.8

3.5　MagiCAD 数据集介绍

为了方便项目中数据进行共享以及相似项目的传递，MagiCAD 引入了数据集的概念，即通过一个后缀名为 mrv 的文件将项目中建筑设备相关的设定集合起来，在利用 MagiCAD 软件功能之前，需要正确选择数据集文件，不选择数据集文件会导致无法使用 MagiCAD 功能，选择错误会导致建模设计的效率降低。

1）利用项目样板建立好项目后，切换到"MagiCAD 通用"模块，选择第一个功能【数据集】命令下的【新建数据集】（图 3.5.1），在打开的对话框中选择"从另一数据集复制"，然后单击【从…复制按钮】（图 3.5.2）。

图 3.5.1

图 3.5.2

2）在打开的对话框中选择"CHN-MCREV-2018_d_r2017.mrv"文件后单击打开（图 3.5.3），此时第一行内容显示的是刚才选择文件的路径，接着单击【文件名…】按钮（图 3.5.4）。

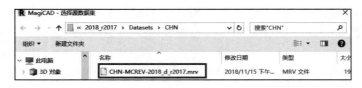

图 3.5.3

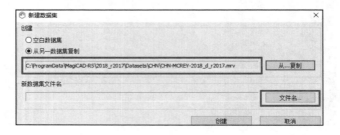

图 3.5.4

3）在打开的【数据集名称】对话框中，输入新数据集的位置和名称，单击【保存】，即可保存一个新的数据集，本案例中将新数据集保存为"广联达二期大厦-赵军建"，完成后如图 3.5.5所示，点击【创建】按钮后即完成数据集创建，且该项目自动调用刚刚新建的数据集。

4）在【数据集】按钮下，选择【修改数据集】，或点击 MagiCAD 通风 \ 管道 \ 电气模块前的【修改数据集】功能（图 3.5.6）都能够打开本项目关联的数据集文件，并对其中的参数进行修改。

图 3.5.5

图 3.5.6

5）打开数据集后，在上方标题行中，显示的即是本数据集所处的位置，如图 3.5.7 所示。

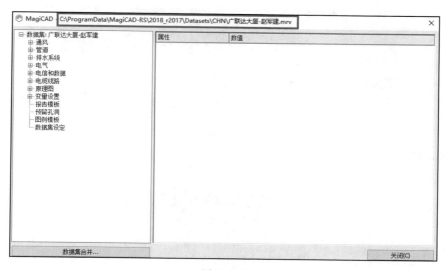

图 3.5.7

3.6 MagiCAD 产品库介绍

产品库是 MagiCAD 特有的一个管理建模过程中需要用到的产品构件的管理器，针对不同设备提供了丰富的搜索功能。在案例建模和练习过程中会频繁用到产品库选择构件和设备。

需要注意的是，产品库管理器中看到的产品文件都是放置在服务器上的，在使用过程中需要连接网络（万维网非局域网）才能正常查看所有产品。

3.6.1 产品库工具的两种调用方法

方法一：根据上一节内容打开本项目的数据集，并切换到相关专业下的"设备与构件"目录。图 3.6.1 分别通风、管道、排水、电气专业的"设备与构件"。

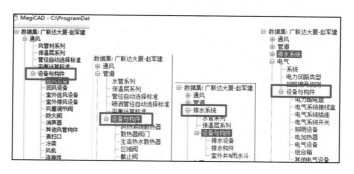

图 3.6.1

选择要更改的设备（构件）类别，本例选择通风下的"送风设备"，在左侧显示的任意设备上单击右键，调取出快捷菜单，选择其中的【新建…】，即可打开"数据集属性"，如图 3.6.2所示。

图 3.6.2

在数据集属性对话框右下方单击【产品库浏览…】按钮（图 3.6.3），即可打开产品库工具（图 3.6.4）。

图 3.6.3

图 3.6.4

方法二：在建模过程中，通过各专业模块（本例中选择通风模块）下的【安装产品】功能调取"产品选择"对话框，在不同设备分类下任意选择一个产品单击右键，同样可以在快捷菜单中选择【新建…】功能（图 3.6.5），打开数据集属性对话框，后续操作流程同方法一中相同。

图 3.6.5

3.6.2　产品库使用介绍

产品库浏览器中左侧包括三个页签，分别是【浏览】【查找】和【设置】，在浏览列表中显示的是该种类设备的生产厂家，点选对应厂家后中间区域显示的是该厂家所包含的具体产品，右侧显示的是该产品的三维模型及工况曲线。如图3.6.6所示。

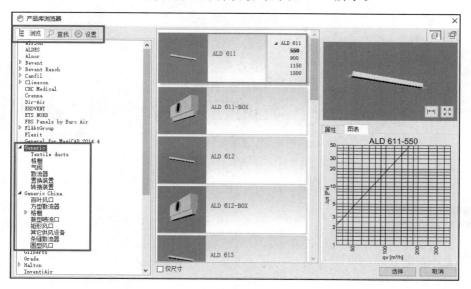

图 3.6.6

目前产品库的产品主要以英文为主，需要寻找中文产品时可以首先在浏览结构下的 Generic 和 Generic China 中进行查看。

当选择的设备或构件有特定要求时，如需要根据送风设备的连接尺寸选择构件时，可以切换到【查找】页签，在"添加新的搜索条件…"中选择需要设置的一个或多个搜索条件进行搜索（图3.6.7）。

不论是采用搜索还是根据生产厂家找到相应产品后，选择好产品点击右下角的选择按钮，返回数据集属性中添加相应的2D图标和名称、参数等信息后，相应产品即添加到产品列表在项目中即可直接调用。

图 3.6.7

第4章

暖通空调系统BIM模型创建

 问题导入

1. 案例图纸的空调系统组成是怎么样的？
2. 各空调系统由哪些设备构成？通风空调系统如何创建？
3. 通风管道模型如何绘制？管道上的设备、阀门、风口等构件如何绘制？

 本章内容框架

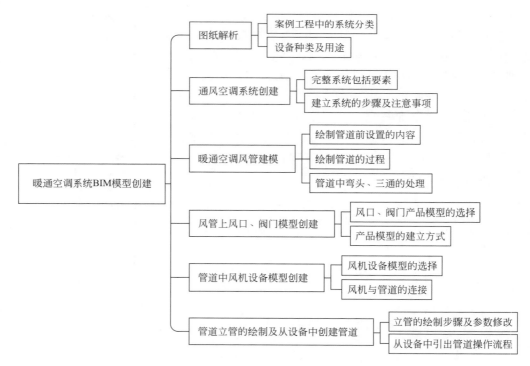

4.1 任务导入：图纸解析

4.1.1 案例地下二层（B2）空调风管平面图

地下二层空调风系统，主要包含地下室送风系统、地下室补风系统、地下室排风系统、地下室排烟系统、排风兼排烟系统。地下二层主要设置有送风风机、排风风机、补风风机、排风兼排烟风机、加压送风机设备。整个地下二层的空调风系统的主要作用为保障地下室的通风与防排烟需求。

首先应该进行案例图纸中的图例符号识读，熟悉通风系统、空调系统、防排烟系统表示图例符号，研究专业图纸，然后通过对图纸的理解建立地下室二层空调与防排烟系统管道、设备模型。

B2层空调风管平面图有四个送风风机兼补风风机（SAF/MAF-B2-01～04），四个单独的送风风机 SAF-B2-01～04，四个排风风机兼排烟风机（EAF/SEF-B2-01～04），两个单独的排烟风机 SEF-B2-01～02，五个单独的排风机（EAF-B2-01～05），两个单独的补风风机（MAF-B2-01～02）。楼梯间设置三个加压送风风口，由屋顶加压送风机（SPF/RF-01～03）送风。地下二层厕所设置单独的排风系统，由屋顶排风风机进行排风。风口尺寸与风量、标高详见本层图纸。

以 6-10 轴与 H-L 轴送风系统为例，该送风系统从送风竖井引进送风气流，通过风管（材质为镀锌钢板）连接送风风机（SAF-B2-01～02）为地下二层 B2-19 制冷机房、B2-17 给水机房送风，同时连接补风风机（MAF-B2-01）送至地下二层走廊，风机均安装在系统末端靠近送风口处。本系统送风风管标高为 +4.3m，采用末端风口设备为双层百叶风口 2 个 800mm×600mm（每个送风量为 5100m³/h）、2 个 300mm×300mm（每个送风量为 950m³/h）、1 个 500mm×500mm（每个送风量为 3600m³/h）。系统管段中设置有风管柔性软接、70℃防火阀、风机接口变径等附属设施。本系统的风管断面尺寸详见图纸中的风管尺寸标注。其他送风系统图纸分析不再详细阐述。

以 2-9 轴与 D-N 轴送风系统与排风系统共用平战结合系统为例，该系统主要在平时由送风风机兼补风风机（SAF/MAF-B2-01～02）保障地下室送风，平时排风系统兼排烟系统平时由排风风机兼排烟风机（EAF/SEF-B2-01～02）进行系统排风，战时通过关闭与开启系统设置的阀门，关闭排风兼排烟系统，送风系统共用排风管道为地下室进行送风。该系统排风兼排烟风管标高为 +3.9m。

以 2-8 轴与 B-F 轴排风兼排烟系统为例，本系统采用两个排风兼排烟风机（EAF/SEF-B2-03～04），排风时风机风量为 13023m³/h，排烟时风量为 23441m³/h，通过双速离心风机箱连接排风管与联箱，送至排风竖井。风管采用镀锌钢板，风管标高与风管尺寸详见平面图纸，风管上安装 70℃排烟防火阀、280℃排烟防火阀、280℃排烟阀。排风排烟口设置采用单层百叶风口 5 个 630mm×630mm（每个排风量为 9400m³/h）、2 个 1100mm×1100mm（每个排风量为 13000m³/h）。其他送风、补风、排风、排烟系统不再详细阐述。

本系统按照距离建筑物外墙小于 5m 范围分为外区，大于 5m 范围分为内区。该空调水系统主要采用地源热泵作为空调冷热源，在冬季，内区单独设置空冷热泵机组，为内区供冷；在夏季，根据建筑物负荷变化，调节开启机组，以满足建筑冷负荷需求。地下二层从制冷机房连接的房间内区与外区的空调冷（热）水供回水连接送至7-8轴与K-L轴水管井中的冷（热）水供回水立管，同时送至2-3轴与E-F轴水管井冷（热）水供回水立管，冷（热）水水平管道标高设置为＋3.4m，再通过立管向楼上的各楼层内区与外区提供冷（热）水，并通过管井中的冷（热）水回水立管将冷（热）水回水接至制冷机房的地源热泵机组。空调水系统末端采用分区两管制，外区两管制，冷、热水在制冷机房内按照冬、夏季节进行切换，内区两管制全年提供冷水。

地下二层系统列表、位置包括设备及用途见表4.1.1。

表4.1.1　地下二层系统列表、位置包括设备及用途

系统类型	系统位置-横、纵坐标		包含设备1	包含设备2	包含设备3	用途
送风系统	6～10	H～L	补风风机 MAF-B2-01	送风风机 SAF-B2-01	送风风机 SAF-B2-02	为地下二层B2-19制冷机房、B2-17给水机房送风，为地下二层走廊送风
排风系统	8～10	G～K	排风机 EAF-B2-01	排风机 EAF-B2-02	排烟风机 SEF-B2-01	进行地下二层排风
排风系统	3～9	D～M	排风风机兼排烟风机 EAF/SEF-B2-01	排风风机兼排烟风机 EAF/SEF-B2-02		进行地下二层排风
送风系统	2～3	J～L	送风风机兼补风风机 SAF/MAF-B2-01	送风风机兼补风风机 SAF/MAF-B2-02		进行地下二层送风与补风
送风系统	8～10	C～G	送风风机 SAF-B2-03	送风风机 SAF-B2-04	补风风机 MAF-B2-02	进行地下二层送风与补风
送风系统	8～10	B-D	送风风机兼补风风机 SAF/MAF-B2-03	送风风机兼补风风机 SAF/MAF-B2-04		进行地下二层送风与补风
排风系统	8～10	D～G	排风机 EAF-B2-03	排风机 EAF-B2-04	排风机 EAF-B2-05	进行地下二层排风
排烟系统	8～9	E～F	排烟风机 SEF-B2-02			进行地下二层排烟
排风兼排烟系统	2～8	B～F	排风兼排烟风机 EAF/SEF-B2-03	排风兼排烟风机 EAF/SEF-B2-04		进行地下二层排风兼排烟
排风兼排烟系统	2～9	D～N	排风兼排烟风机 EAF/SEF-B2-01	排风兼排烟风机 EAF/SEF-B2-02		平时进行地下二层排风，战时管道兼做送风管道
送风系统	2～9	D～N	送风风机兼补风风机 SAF/MAF-B2-01	送风风机兼补风风机 SAF/MAF-B2-02		平时进行地下二层送风，战时兼用排风管道进行送风
卫生间排风系统	8～9	G～J	屋顶排风机 EAF-RF-01			进行厕所排风
楼梯加压送风系统	3～5	E～F	屋顶加压送风机 SPF-RF-02			进行楼梯间加压送风

系统类型	系统位置-横、纵坐标	包含设备1	包含设备2	包含设备3	用途
楼梯加压送风系统	8~9	G~H	屋顶加压送风机SPF-RF-03			进行楼梯间加压送风
楼梯加压送风系统	6~7	K~L	屋顶加压送风机SPF-RF-01			进行楼梯间加压送风

4.1.2 案例地下一层（B1）空调风管平面图

地下一层属于空调系统外区，在冬季通过地源热泵进行采暖，在夏季通过地源热泵机组制冷。本层空调系统主要采用风机盘管＋独立新风系统与全空气空调系统相结合。同时，本层还设置有排油烟系统、排风系统、送风系统等，系统的主要形式与地下二层相似。

以 2-6 轴与 B-F 轴空调系统为例，该楼层空调系统采用风机盘管＋独立新风系统，B1-12 进风机房安装新风机组由进风竖井引进新风并进行新风处理，通过新风机组进行空气处理之后由风管输配到 B1-15 台球房、B1-11 练操房、B1-09 乒乓球室、B1-05 自带餐员工餐厅、B1-07 大餐包房间、B1-06 厨房办公室，同时在 B1-15 台球房安装有风机盘管 FCU-03 共 2 台，B1-11 练操房安装有风机盘管 FCU-04 共 4 台，B1-09 乒乓球室安装有风机盘管 FCU-05 共 4 台，B1-05 自带餐员工餐厅安装有风机盘管 FCU-05 共 2 台、B1-07 大餐包安装有风机盘管 FCU-05 共 2 台、B1-06 厨房办公室安装有风机盘管 FCU-03 共 1 台。风管采用镀锌钢板材料，风管具体尺寸详见电子平面图纸。新风送风口采用双层百叶送风口，B1-15 台球房采用两个 150mm×150mm 的双层百叶送风口，B1-11 练操房采用两个 250mm×250mm 的双层百叶送风口，B1-09 乒乓球室采用两个 300mm×300mm 的双层百叶送风口，B1-05 自带餐员工餐厅、B1-07 大餐包房间各采用 1 个 250mm×250mm 的双层百叶送风口。男卫、女卫更衣室直接采用风机盘管系统，各采用一台 FCU-04 风机盘管，且为男卫、女卫设置排风系统。还有单独从 B1-12 进风机房安装送风机将未处理的新风直接送至健身区走廊。

以 6-10 轴与 C-F 轴全空气系统为例，该系统为一次回风可调新风比的全空气定风量集中式系统，从 9-10 轴与 B-C 进风竖井引进新风，与 300 座餐厅的回风在全空气处理机组中进行处理，然后将集中处理好的空气通过送风管送至 400mm×400mm 的方形散流器（每个散流器送风 1600m³/h）送至 300 座餐厅。一次回风空调系统在回风管段、新风管段与送风管段均设置了消声器，风管材料采用镀锌钢板，气流组织设置为上送上回的方式。

以 8-10 轴与 C-G 轴厨房空调系统为例，该系统主要采用了厨房用新风机 KPAU-B1-01 处理进风竖井引进的新风，将处理好的新风通过连箱、风管送至面点间、燃气间、热炒间。面点间、燃气间、热炒间的油烟通过厨房排风机 KEAF-B1-01（厨房全面通风兼事故通风），将各排油烟罩，连接排烟风机送至排风竖井，风管标高为＋3.3m。厨房设置在六层屋面的排烟风机 KSEF-RF-01，将地下一层的烟气通过排风竖井排至屋顶，部分风管标高＋3.3m，部分风管标高＋4.3m，详细风管与风口设置见地下一层风管平面布置图。

地下二层的管井立管将内区与外区的冷（热）水连接至地下一层冷（热）水供回水立管，且在地下一层空调外区设置两个冷（热）水分区，7-8 轴与 K-L 轴管井中的冷（热）水供回水立管主要负责 7-10 轴与 C-L 轴的风机盘管、新风机组、组合式空气处理设备所需要的冷（热）水；2-3 轴与 E-F 轴水管井冷（热）水立管连接 2-6 轴与 B-F 轴空调系统中的风机盘管设备与新风机组设备，为这些设备提供冷（热）水。

因篇幅有限，其他空调系统不再详细阐述，请读者结合专业图纸在实训环节详细讲解。

4.2 任务一 通风空调系统创建

4.2.1 任务要求

1）识读案例工程空调专业 B2 层平面图，结合图纸解析，找出并复核案例工程中出现的空调通风系统类别。

2）根据本任务"任务分析"给出的配色及命名要求，通过修改、删除、新建等方式将项目文件中的空调专业系统种类补充完整。

4.2.2 任务分析

1）通过阅读本章的图纸解析及地下二层空调风管平面图，可以得出案例工程 B2 层通风空调专业系统如表 4.2.1 所示，表后附有具体配色 RGB 要求。

表 4.2.1　B2 层通风空调专业系统

案例工程系统种类	软件中的系统分类	RGB 颜色
送风系统	送风	(0, 255, 0)
排风系统	排风	(124, 165, 0)
排烟系统	排风	(255, 255, 0)
排风兼排烟	排风	(255, 255, 0)
回风系统	回风	(0, 176, 240)
新风系统	送风	(0, 255, 0)

2）软件中系统种类的修改、删除、新建需要在【项目浏览器】窗口下的【族】-【风管系统】-【风管系统】位置下进行。

3）系统种类的完善至少需要包括：系统名称更改正确、系统分类对应正确、颜色设置符合要求。

4.2.3 任务实施

直接打开 MagiCAD 软件，采用 MagiCAD 提供的项目样板新建项目文件，并注意在过程中及时保存。

依次打开【项目浏览器】下树形结构中的【族】-【风管系统】-【风管系统】结构，此时显示的是项目文件中已有的系统种类（图 4.2.1）。

图 4.2.1

1）修改颜色、名称：根据案例工程的系统种类及任务解析中的颜色、名称说明，修改已经存在的通风空调专业系统，使之符合工程内容，其中名称前加前缀"GLD－"作为标识。将案例工程中的"送风"系统的名称、颜色添加到软件系统中的操作如下。

2）右键单击"MC-送风"，单击快捷菜单中的【类型属性】（图4.2.2），在打开的【类型属性】对话框中选择【重命名…】按钮，将新名称设置为"GLD-送风系统"，点击【确定】，完成名称修改（图4.2.3）。

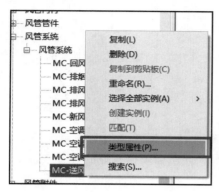

图 4.2.2

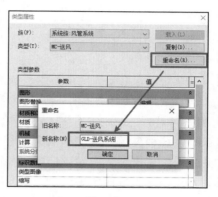

图 4.2.3

3）在【类型属性】对话框中单击"图形替换"行的【编辑…】按钮，在打开的【线图形】对话框中单击"颜色"标注后的颜色按钮，在【颜色】对话框中设置红、绿、蓝的值分别为0，255，0，生成绿色，点击【确定】，此时回到"线图形"对话框，能够看到颜色已修改为指定的绿颜色，再次点击【确定】回到"类型属性"对话框中，最后点击"确定"关闭对话框完成名称及颜色设置（图4.2.4）。

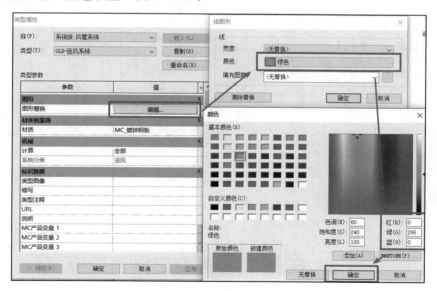

图 4.2.4

4）冗余系统的删除：当项目中的风管系统种类繁多，为了精简项目，避免错乱，可以对多余的系统类型进行删除：鼠标右键单击需要删除的风管系统，选择【删除】功能即可。

需要注意的是：如果拟删除的系统在当前项目中正在使用，则软件会弹出报错窗口，此时无法进行删除，直接单击【取消】即可（图4.2.5）。

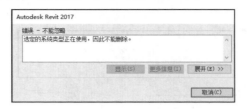

图4.2.5

5）新增风管系统：当工程中系统种类较多，软件中系统类型无法满足时，需要新建系统，在建立系统前，需要先确认新建系统的分类，软件中内置了3个系统分类，分别是"排风""送风""回风"（图4.2.6），所有新增的空调系统都必须归类为这三个系统分类。例如：排烟归属为"排风"；新风归属为"送风"等。

确认好系统种类后，在【风管】系统下找到和拟新建系统属于同一系统分类的已有系统，在此系统上单击鼠标右键，选择【复制】命令，此时会依据选择的已有系统复制出一个新的风管系统，此时按照步骤1）的方式对新系统进行名称、颜色的修改即可。

需要注意的是：软件不允许删除每个系统分类对应的最后一个风管系统，当某个系统分类只有一个风管系统时，执行删除操作，软件会弹出报错窗口，此时无法删除唯一风管系统。

4.2.4　作业与思考

1）作业：在软件中完成案例工程B2楼层风管系统的系统创建，形成最终结构如图4.2.7所示的风管类型，各系统颜色按任务解析中标注设置。

图4.2.6

图4.2.7

2）思考：在软件中针对不同系统类型设置不同颜色的目的与意义是什么？

3）思考：为什么每一个系统分类至少要保留一个风管系统？

4.3　任务二　暖通空调风管建模

4.3.1　任务要求

1）根据"地下二层空调风管平面图"，通过绘制H～L、6～10轴范围内的送风管道，学习风管模型的创建方法与程序。

2）掌握通风管道中弯头、三通、四通等构件的绘制方法。

4.3.2　任务分析

1）阅读"地下二层空调风管平面图"，H～L、6～10 轴范围内送风管道，可知该部分管道为矩形风管，有以下几种管径：1200mm×400mm、1000mm×400mm、600mm×250mm、400mm×250mm，其中 400mm×250mm 规格的管道最长，四种管径是通过走廊内的四通构件进行分流；全部风管均为底部对齐，且风管底部距离地面高度均为 4.3m。

2）通过软件中【MagiCAD 通风】模块下的【风管】命令进行绘制，绘制之前需要对风管所属的系统、所选用的管道系列、管道规格及风管高度进行设置。

3）软件中弯头模型的建立是通过风管弯折直接生成，三通是通过形成"T"形连接的两根风管自动生成，四通可以通过属于同一系统的两个风管十字交叉生成，也可以通过给已有三通增加分支的方式生成，本例中选用第二种方式建立四通。

4）软件中不同规格的风管建模可以通过先用 1～2 种规格风管绘制整个路段后，再修改管道规格的方式建立，避免反复修改、编辑风管造成效率降低。

本任务最终完成效果如图 4.3.1 所示。

4.3.3　任务实施

1）选择平面：打开软件后，依次打开【项目浏览器】中的"机械"–"楼层平面"–"通风空调-通风"，双击"楼层平面：B2-空调风"（图 4.3.2），打开 B2 楼层平面，即本次绘制模型的平面。

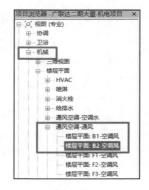

图 4.3.1　　　　　　　　　　　　　　　图 4.3.2

2）链接底图：通过【链接 CAD】命令，将《地下二层空调风管平面图》链接到项目中。

3）启动命令：单击【MagiCAD 通风】模块下的【风管】命令（图 4.3.3），调取出风管设置对话框。

图 4.3.3

4）风管设置：在风管设置中，第一步选择系统类型为：GLD-送风系统；第二步选择风管管道类型为"矩形风管-MC矩形风管"；第三步调整管道规格为400mm×250mm；第四步设置管道底部距地高度为4300mm，最终点击确定完成管道设置，返回模型创建界面。

5）绘制水平管道：找到H轴上方B2-17给水机房内400mm×250mm风管的端点，单击鼠标，确定管道模型起点（图4.3.4），通过鼠标放大、缩小、平移视图等操作，将鼠标移动到本段管道弯头附近，再次点击鼠标左键确定本段管道的末端，注意端点不必一定点击到横竖管道中心线交点，相近即可（图4.3.5）。

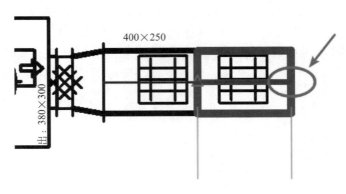

图4.3.4

6）绘制弯头：完成平直段管道绘制后，竖直移动鼠标在第二个弯头处再次点击鼠标，此时完成横竖两段风管的绘制，同时在连接处自动生成弯头（图4.3.6）。

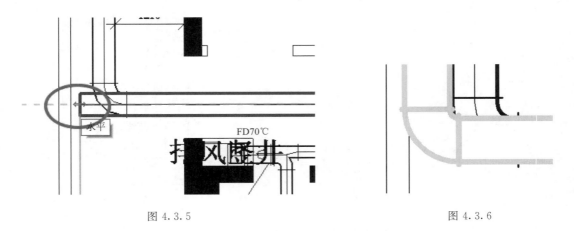

图4.3.5　　　　　　　　　　　　　　　　　　图4.3.6

7）管道位置的调整：当绘制的管道模型与CAD底图模型位置有如图4.3.7所示的偏差时（模型与CAD底图在X方向上有一定距离的偏移），此时处理方式为：选中管道模型后启动【对齐】命令（快捷键AL）（图4.3.8），单击底图上风管边界的一点作为基准点，再选择风管模型管道对应边缘的一点，完成风管的对齐（图4.3.9）。

8）使用同样方法，绘制完成400mm×250mm部分管道及600mm×250mm部分管道，效果如图4.3.10所示。

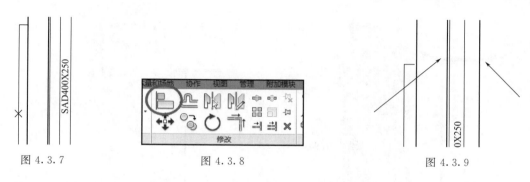

图 4.3.7   图 4.3.8   图 4.3.9

9）再次启动【风管】命令，将管道尺寸修改为 1000mm×400mm（图 4.3.11），绘制 1000mm×400mm 部分管道，注意绘制时从 400mm×250mm 管道的侧壁处开始绘制（图 4.3.12），此时两条管道相交位置自动生成三通，弯头部位处理与上文处理方式一致：先绘制，后对齐，最终绘制效果如图 4.3.13 所示。

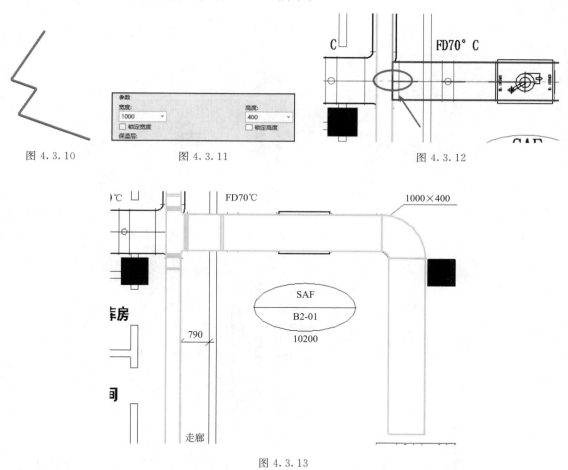

图 4.3.10   图 4.3.11   图 4.3.12

图 4.3.13

10）生成四通模型：选择生成的三通，单击三通上方的"＋"号（图 4.3.14），三通变为四通（图 4.3.15），再次启用【风管】命令，从四通的开口处开始绘制 1200mm×400mm 的风管，直到进风竖井内侧（图 4.3.16）。

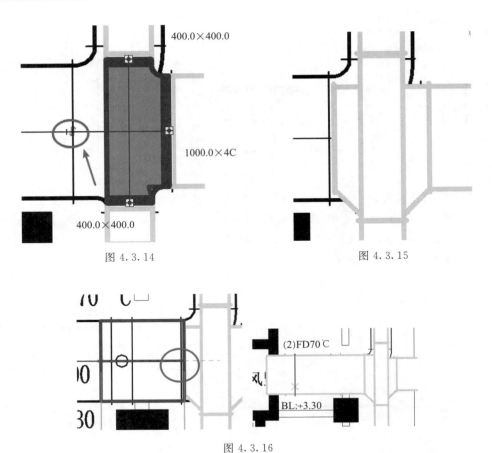

图 4.3.14 　　　　　　　　　　　　　　　　图 4.3.15

图 4.3.16

11）修改管径：选择图纸表示 600mm×250mm 部分的管道，本段管道当前规格为 400mm×250mm，选中管道后在上方的【修改｜风管】中将宽度修改为 600（图 4.3.17）。

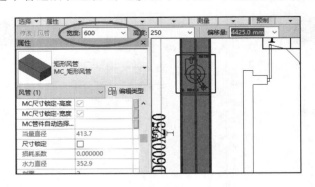

图 4.3.17

12）添加管帽：分别选择四段位于末端的风管，选择风管后工具栏自动切换到【修改｜风管管件】页签，在页签中选择【管帽开放端点】命令，为本段管道增加管帽（图 4.3.18）。

【注意】　通往进风竖井部分 1200mm×400mm 管道不增加管帽。

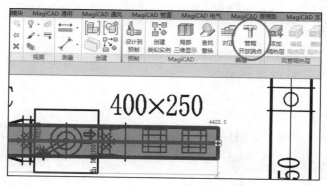

图 4.3.18

4.3.4 作业与思考

1）作业：完成 H～L、6～10 轴范围内的送风管道，包括里面的弯头、三通、官堵变径等构件。

2）作业：完成本楼层内其他风系统管道的绘制。

3）思考：管堵的作用是什么？为什么进风竖井内的管道不增加管堵。

4.4 任务三 风管上风口、阀门模型创建

4.4.1 任务要求

根据《地下二层空调风管平面图》及图纸图例说明，绘制 H～L、6～10 轴范围内送风管道上的风口及阀门模型，掌握风管上风口、阀门等管件的模型创建。

4.4.2 任务分析

1）结合《地下二层空调风管平面图》及图纸图例说明可知，H～L、6～10 轴范围内送风管道上有 4 个防火阀，其中在 1200mm×400mm 管道上有 2 个，在 400mm×250mm 管道上有 1 个，在 1000mm×400mm 管道上有 1 个。

2）结合图纸，可知本例管道上有 5 个风口，全部为双层百叶风口，在 600mm×250mm 管道上的风口规格为 500mm×500mm，风量为 3600；在 1000mm×400mm 管道上的 2 个风口规格为 800mm×600mm，风量为 5100；在 400mm×250mm 管道上的 2 个风口规格为 300mm×300mm，风量为 950。

3）软件中绘制风口、阀门等管件的功能为【MagiCAD 通风】模块下的【安装产品】功能，在该功能中选择适当的产品，并根据不同产品选择适当的放置方式进行放置。

4）在设置管件时注意风量、规格等属性尽可能符合图纸要求，方便后期计算等操作。

本案例完成后从底层向上看的效果如图 4.4.1 所示。

图 4.4.1

4.4.3　任务实施

1) 产品选择：在【MagiCAD通风】模块下，单击【安装产品】功能（图4.4.2），弹出【产品选择】对话框，在产品选择中分别有"通风""管道""电气"三个专业模块（图4.4.3-A区域），其中在通风模块下分为若干个分类（图4.4.3-B区域），选择"通风"页签下的【室内送风】分类，软件内置了若干个送风风口（图4.4.3-C区域），在此区域选择不同的风口，在右侧的预览窗格内可以看到设备的三维模型。

图4.4.2

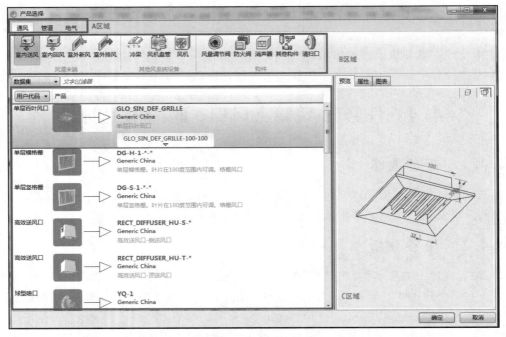

图4.4.3

本案例双层百叶风口，选取默认存在的产品设备进行绘制，其他厂家、类型的产品选择详见产品库选择内容。

2) 选择风口：选择【室内送风】下的【双层横格栅】产品，在规格下拉菜单中选择〔SG-H-1*-*-500-500〕规格，在右侧【图表】页签中输入流量3600m³后单击确定返回建模界面（图4.4.4）。

3) 布置风口：返回建模界面后，在建模界面会出现【产品布置】悬浮窗，选择【产品布置】中的【风管侧壁布置】功能，在平面图中表示500mm×500mm规格风口的中心处单击鼠标将风口模型建立到风管上（图4.4.5），在悬浮窗处单击【完成】，完成500mm×500mm风口模型的创建。

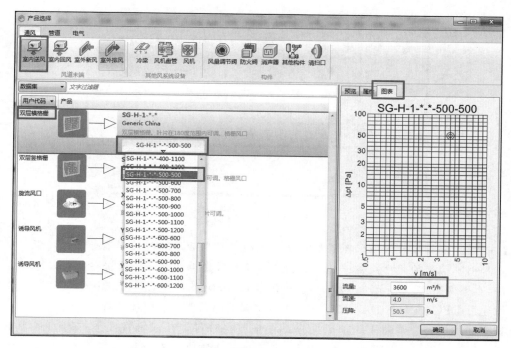

图 4.4.4

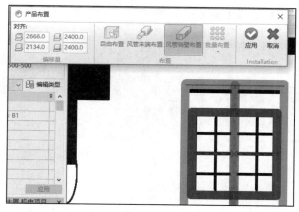

图 4.4.5

4）布置其他规格风口：布置好一种规格的风口后，接着单击【产品布置】悬浮窗内的【选择产品】功能，分别选择 800mm×600mm 风口与 300mm×300mm 双层格栅，并输入相应的流量数值，在图纸上的相应位置将风口模型建立完整。

5）布置阀门：单击【安装产品】工具，选择【防火阀】模块下的 RECT-FIRE-DAMP-ER-E120 防火阀，单击确定（图 4.4.6）。

6）尺寸匹配布置：在产品布置的悬浮框中，选择【尺寸匹配布置】功能（图 4.4.7），该功能可以根据所选管道规格不同自动选择产品下与管道尺寸最接近的阀门，选择功能后单击需要布置阀门的管道，此时软件自动检测管道尺寸，并根据管道尺寸匹配防火阀门的规格，匹配完成后，鼠标控制一个对应尺寸的阀门，此时单击需要布置阀门的位置，完成阀门模型的创建（图 4.4.8）。

图 4.4.6

【注意】 采用【尺寸匹配布置】建立一个阀门模型后，阀门尺寸不会记忆，下一个阀门即使是和刚刚绘制的阀门规格一样，也需要先单击管道确定尺寸，再进行模型建立。

7）本案例中 1200mm×400mm 的管道和 1000mm×400mm、400mm×250mm 规格的管道均通过 RECT-FIRE-DAMPER-E120 防火阀进行布置，需要注意在 400mm×250mm 管道上布置好防火阀后，防火阀前后会自动生成变径管件，在三维视图下查看如图 4.4.9 所示，这是因为 RECT-FIRE-DAMPER-E120 系列防火阀中没有规格刚好为 400mm×250mm 的构件，所以软件自动选取最接近管道尺寸的阀门：规格为 400mm×200mm，作为原有管道与阀门的连接，软件自动生成了矩形变径构件。

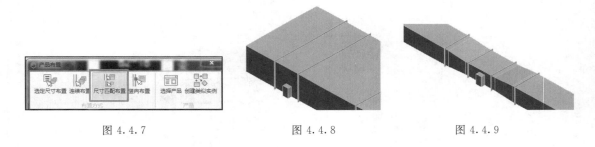

图 4.4.7 图 4.4.8 图 4.4.9

4.4.4 作业与思考

1）作业：根据案例图纸标注，将案例工程中送风系统的双层格栅、防火阀门模型补充完整。

2）思考：阀门建模中的【尺寸匹配布置】对于工作效率来说有哪些提高，又有哪些缺点？

3）思考：如果 400mm×250mm 风管部分的防火阀门需要寻找符合规格的阀门，应该怎么查找？

4）思考：尝试使用"选定尺寸布置""连续布置"方式布置阀门，并找到这两种方式与"尺寸匹配布置"之间的不同点。

5）思考："竖向布置"功能应该用在什么情况？

4.5　任务四　管道中风机设备模型创建

4.5.1　任务要求

根据《地下二层空调风管平面图》及图纸图例说明，通过绘制 H～L、6～10 轴范围内送风管道上的风机设备，掌握风管中风机等设备模型的创建及连接方法与步骤。

4.5.2　任务分析

1) 根据《地下二层空调风管平面图》及图纸图例说明，案例送风系统中共有 3 个风机，分别为 MAF-B2-01、SAF-B2-01、SAF-B2-02，且各风机均为轴流风机。

2) 为方便理解，案例中风机连接尺寸与对应管道一致，且风机与管道中心对齐。

3) MagiCAD 真实产品库中没有对应尺寸风机，所以案例中风机采用补充族的形式进行创建，教材提供的补充族文件均可通过加入教材支持群获取。

4) 管道中风机设备模型创建的难点是设备与管道的连接，在连接过程中要注意连接后的管道标高是否为之前设置的标高。最终形成的效果如图 4.5.1 所示。

4.5.3　任务实施

1) 风机选择。单击【MagiCAD 通风】模块下的【安装产品】功能，在弹出的【产品选择】对话框中选择【通风】模块下的【风机】（图 4.5.2）。

图 4.5.1

图 4.5.2

选择风机列表下的任意一种设备，单击右键，选择菜单中的【复制…】功能（图 4.5.3），以选择的设备为样板复制一个新的产品，此时打开【数据集属性】对话框。

在【数据集属性】对话框中，选择右下角的下拉菜单，选择其中的【从本地硬盘中选择族…】功能（图 4.5.4），打开【MagiCAD-选择 Revit 族文件】对话框。

在打开的选择族文件对话框中，选择教材提供的相应族文件，本例中选择"MAF-B2-01 补风风机"族文件（图 4.5.5），选择后单机右下角【打开】按钮，返回【数据集属性】对话框。

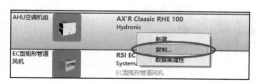

图 4.5.3

图 4.5.4

图 4.5.5

返回【数据集属性】对话框后，在"用户代码"及"描述"后面的输入框中输入表示设备名称、用户的相关文字说明，输入完毕后单击【确定】按钮（图 4.5.6）。

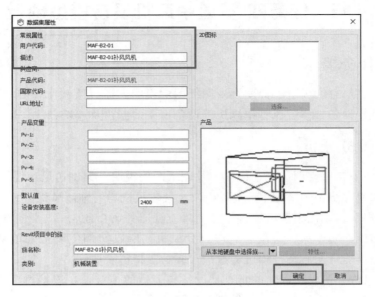

图 4.5.6

　　在【产品选择】对话框中确认选择了刚才载入的设备后，单击【确定】按钮，回到绘图界面进行设备绘制，此时随鼠标移动的是刚才选择的风机设备，同时绘图界面会出现【产品布置】悬浮窗（图 4.5.7）。

图 4.5.7

　　2）风机绘制。根据本段管道底距地高度为 4.3m，且管道高度为 250mm，可以推算出管道的中心高度为 4.425m，在【产品布置】悬浮窗的左侧偏移量中，设置风机的安装高度为 4425mm。

　　设置好标高后，在 CAD 图纸上表示 MAF-B2-01 补风风机的位置单击鼠标左键，布置风机，布置成功后单击【应用】按钮（图 4.5.8），完成风机设备的绘制后单击【产品布置】右上角的"关闭"按钮。

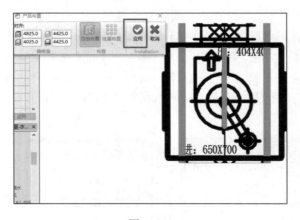

图 4.5.8

3）方向调整。按照默认方式绘制的风机此时开口方向与图纸表示不一致，单击绘制的风机，上方的工具栏自动切换到【修改｜机械设备】选项卡，选择〖修改〗下的【旋转】（快捷键RO）功能，软件自动以风机设备的中心为旋转中心，通过鼠标单击先确定一个方向，以此方向为基准进行旋转，直到旋转到正确位置再次单击鼠标进行确认（本例中以右方为基准，顺时针旋转90°）（图4.5.9）。完成后如图4.5.10。

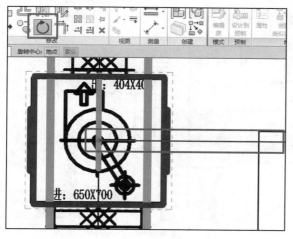

图 4.5.9

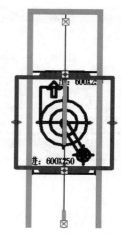

图 4.5.10

4）风管连接。由于之前绘制了管道，此时风机与管道没有直接相连，需要将绘制的管道打断后分别与风机连接，具体操作如下。

选择需要打断的管道，上方的工具栏自动切换到【修改｜风管】选项卡，选择〖修改〗下的【拆分图元】功能，分别在设备两侧的管道上各单击一下鼠标左键，此时单击鼠标位置出现分离（图4.5.11）。

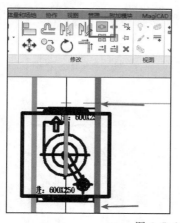

图 4.5.11

鼠标点选择中间部分管道进行删除（如果中间管道与风机设备重合无法选中则通过键盘上Tab键进行切换选择），同时选择上下两端管道的端点，将端点处的构件进行删除。

删除中间部分风管及端点构件后，选择风机设备，单击【修改｜机械设备】下的【连接到】功能，此时对于多连接件的设备软件会弹出【选择连接件】对话框，需要指定连接的部位（图4.5.12），由于本例子中风机的两个连接部位规格相同，因此无法从规格上分辨，只能进行尝试，具体的尝试方法是：选择连接件1后单击确定，然后选择上方的风管，此时是将连接件1与上方风管自动连接，如果对应正确，则会出现风机设备与风管连接，风机颜色改变为绿色（图4.5.13）。如果对应错误（即连接件1实际为风机下方开口，与上方管道无法正常连接），则会出现"找不到自动布线解决方案"报错（图4.5.14），此时单击报错对话框中的【取消】，重复【连接到】功能，此时可知具体的连接对应关系。

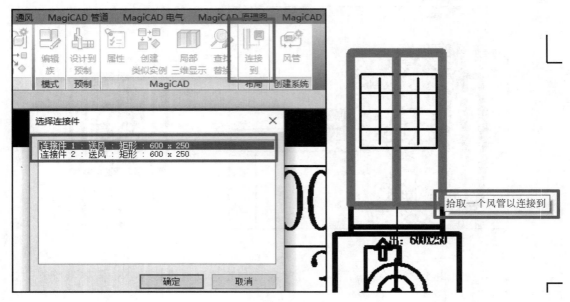

图 4.5.12

对于有两个连接口的设备，当连接好一个连接口后，再次使用【连接到】命令时，软件自动选择另一个未连接的连接端口，此时不会弹出图4.5.12中选择连接件的窗口，选择功能后直接选择未被连接的管道即可。最终连接效果如图4.5.15所示，与风机相连的两段风管都连接到了风机上。

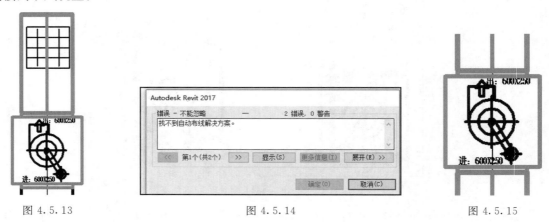

图 4.5.13   图 4.5.14   图 4.5.15

4.5.4　作业与思考

1）作业：完成案例系统中 SAF-B2-01～02 风机的模型创建及连接。

2）思考：如果先绘制风机后绘制风管是否可行？如果不行请说明原因；如果可行请尝

试绘制过程。

3）思考：离心风机的绘制方式和轴流风机绘制方式是否一致？该如何建立离心风机的模型？

4.6　任务五　管道立管的绘制及从设备中创建管道

4.6.1　任务要求

1）在B2层绘制一根800mm×400mm，标高范围为本层层底到本层层底＋3m的风管立管，系统类型不限。

2）绘制一个离心风机，并从离心风机中绘制风管。

4.6.2　任务分析

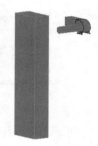

1）在平面视图中绘制管道，标高是在绘制管道时设置好的，只需要通过鼠标选择管道的起始点即可完成水平管道的绘制；绘制立管时，在水平方向上管道不偏移，发生修改的是高度，即通过修改风管的高度即可完成立管的绘制。

2）在任务五中介绍了风管连接到设备的操作，设备与风管的连接也可以通过从设备中引出风管来进行绘制，引出的风管同样可以修改管道类型。最终成果如图4.6.1所示。

图4.6.1

4.6.3　任务实施

1）绘制立管。单击【MagiCAD 通风】模块下的【风管】命令，启动绘制风管功能。在风管设置对话框中，设置风管的系统、选择风管类型、调整风管的规格，在"对齐"设置中设置中心对齐的数值为立管的起始标高本例为本层层底标高，即0（图4.6.2）。

点击确定后返回绘图界面，在需要设置立管的位置点击鼠标左键，此时，如果鼠标在水平方向上移动则与绘制水平风管表现一样（图4.6.3）。

图4.6.2

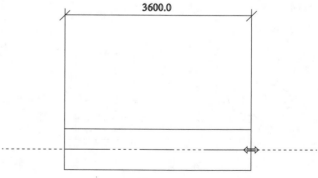

图4.6.3

在【修改|放置风管】设置中，将偏移量改为竖直风管终止点的高度，本任务为3m，即数值为3000mm，并单击【应用】按钮（图4.6.4）完成竖直风管的绘制。

图4.6.4

2）从设备中创建管道：利用任务四中插入设备的方式插入一个离心风机，本任务以 FAN-CIRC-REC-CONN 为例（图 4.6.5），并将离心风机布置到平面视图内，标高不限。

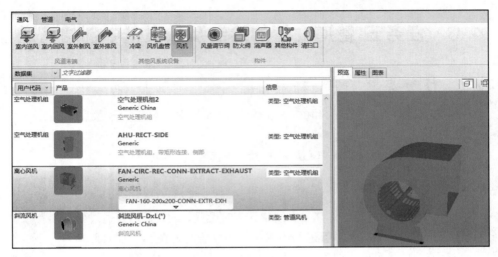

图 4.6.5

点选绘制的离心风机，可以看到风机上有两个连接点，如图 4.6.6 所示。

单击相应的连接点，则自动从该位置引出相应尺寸的风管（图 4.6.7）。

【注意】 此时风管形状可能与设备设定的形状不一致，此时修改属性中风管类别即可更改风管类型（图 4.6.8）。

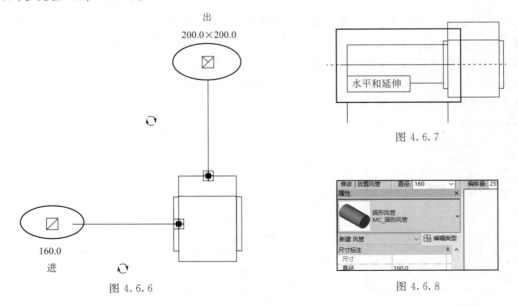

图 4.6.6

图 4.6.7

图 4.6.8

4.6.4 作业与思考

1）作业：完成任务要求的立管及离心风机的绘制并从离心风机处引出管道。

2）思考：一段风管上有水平部分又有竖直部分时，此时风管应如何绘制？

3）思考：从设备中引出管道与先有管道之后连接设备相比有哪些优缺点？

第5章

建筑给排水系统BIM模型创建

 问题导入

1. 案例图纸的给排水系统由哪些内容组成？给排水系统如何创建？
2. 管道模型如何绘制？各类给水、排水设备模型如何绘制？设备与管道应该如何连接？

 本章内容框架

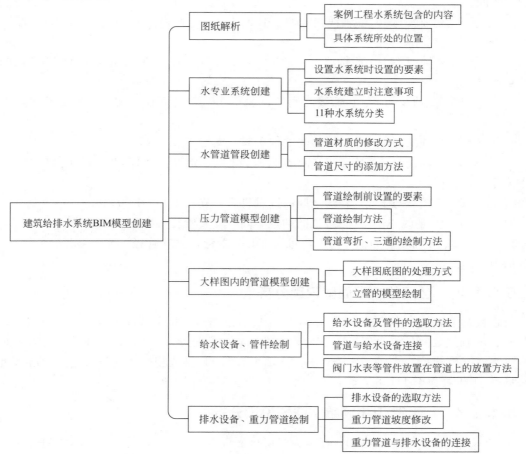

5.1 任务导入：图纸解析

5.1.1 给水系统

由设计说明可知，给水管道采用冷水用衬塑钢管，管径小于 DN100 采用丝扣连接，管径大于等于 100 采用沟槽连接。卫生间内暗装管道采用冷水用 PPR 管。

结合系统图和平面图可知，该建筑－2 层至－1 层层高 5.4m，－1 层至 1 层层高 4.5m，1 层至 2 层层高 4.2m，2 层至屋顶层各层层高 3.8m。该给水系统－2 至 2 层采用直接给水方式，3 层到 6 层采用设水泵的给水方式。

5.1.1.1 －1 层给水平面图识读分析

结合系统图分析，给水引入管 J/1 在－1 层 10 轴与 G、F 轴之间的相交处引入，管径 DN150，标高－1.8m。引入后分两路分别通过 J0L－6 立管，管径 DN100 送至－2 层，以及通过 J0 干管送至－1 层各用水点。

J0 干管供给的配水点包括以下部分：

1）位于 8、9 轴线与 J、G 轴线之间的卫生间，支管管径 DN40；

2）位于 8、9 轴线与 J、G 轴线之间的 J0L-5 立管，立管管径 DN100，送至－2 层同位置的卫生间；

3）位于 8、9 轴线与 J、G 轴线之间的 J0L-2 立管，立管管径 DN40，送至 1～2 层同位置的卫生间；

4）位于 7、8 轴线与 L、K 轴线之间的 J0L-3 立管，立管管径 DN32，送至 1～2 层同位置的空调机房；

5）位于 9、10 轴线与 E、F 轴线之间的进风机房，支管管径 DN20 和厨房给水，支管管径 DN50；

6）位于 8、9 轴线与 E、F 轴线之间的洗手间，支管管径 DN50；

7）位于 3、4 轴线与 E、F 轴线之间的 J0L-4 立管，立管管径 DN32，送至同位置的 1～2 层空调机房；

8）位于 2、3 轴线与 E、F 轴线之间的进风机房，支管管径 DN20；

9）位于 D、F 轴线与 1、3 轴线之间的卫生间，支管管径 DN50；

10）位于 3、4 轴线与 D、E 轴线之间的 J0L-1 立管，立管管径 DN40，送至 1～2 层同位置的卫生间。

5.1.1.2 －2 层给水平面图识读分析

给水通过 J0L-6 立管送至－2 层，由 J0 干管分三路送至该层各配水点：① 送至 8、9 轴线与 G、H 轴线之间的给水机房，支管管径 DN80；② 送至 8、9 轴线与 K、J 轴线之间的制冷机房，支管管径 DN50；③ 送至 9、10 轴线与 E、D 轴线相交的消防水池。从给水机房出来通过 J1 干管送至 J1L-6 立管，管径 DN80 送至 3～6 层各配水点。

5.1.1.3 1 层 2# 卫生间给水详图识读分析

由 J0 干管引入，管径 DN40，标高为当层地面以上 2.7m。分别送至男淋浴间的一个喷头，管径 DN15，女淋浴间两个喷头，管径变化参考 2# 卫生间给水系统图，以及男卫和女卫的两个洗脸盆，管径变化参考 2# 卫生间给水系统图，此时给水分支管标高为当层地面以上 0.35m。其他卫生间给水详图分析方法类似，本文不再赘述。

5.1.2 热水系统

根据设计说明，热水管道采用衬塑钢管，卫生间内安装管道采用热水用 PPR 管。该系统采用干管循环的半循环方式。

➢ −1～−2 层热水平面图识读分析

热水系统由−2 层 8、9 轴线与 K、L 轴线之间的制冷机房供给并回到制冷机房。热水由干管送至−2 层 9、10 轴线与 J、H 轴线的 RJL−1 立管送至−1 层，并通过−1 层干管送至 8、9 轴线与 J、H 轴线之间的卫生间淋浴，供、回水干管分别为 DN65、DN50；以及送至 1、2 轴线与 D、F 轴线之间的卫生间淋浴。

➢ −1 层 2# 卫生间热水详图识读分析

该卫生间热水系统从 RJL-1 立管分别送至男淋浴间一个喷头，女淋浴间两个喷头，以及男卫和女卫的洗脸盆上，管径变化参考 2# 卫生间给水系统图。淋浴喷头热水给水分支管标高为当层地面以上 2.75m，洗脸盆热水给水分支管标高地面以上 0.45m。其他卫生间热水系统详图分析方法类似，本文不再赘述。

5.1.3 中水系统

室内中水管道采用衬塑钢管，卫生间暗装管道采用冷水用 PPR 管。

5.1.3.1 −1～−2 层中水平面图识读分析

中水引入管由−1 层 G、F 轴线与 10 轴线之间的交点引入，管径 DN100，标高−1.8m。分别送至 Z0L-4 立管，管径 DN80，送至−2 层；位于 J、H 轴线与 8、9 轴线之间的 Z0L-2 立管，管径 DN50，送至 1～2 层卫生间；位于 J、H 轴线与 8、9 轴线之间的 Z0L-3 立管，管径 DN80，送至−1 和−2 层卫生间；6、7 轴线与 G、F 轴线之间的地面冲洗，管径 DN25；6、7 轴线与 M、L 轴线之间的地面冲洗，管径 DN25；2、3 轴线与 J、K 轴线之间的地面冲洗，管径 DN25；1、2 轴线与 G、F 轴线之间的地面冲洗，管径 DN25；1、3 轴线与 D、F 轴线之间的卫生间；3、4 轴线与 E、D 轴线之间的 Z0L-1 立管，送至 1～2 层卫生间，管径 DN50。

5.1.3.2 −1 层 2# 卫生间中水系统详图识读分析

该卫生间中水系统由 Z0 干管引入，分别供至女卫 3 个蹲便器以及男卫两个蹲便器和一个小便器，管径变化参考 2# 卫生间给水系统图。其中供水干管标高为当层地面以上 2.7m，小便器供水支管标高为当层地面以上 1.1m。其他卫生间中水系统详图分析方法类似，本文不再赘述。

5.1.4 排水系统

室内排水管、通气管采用铸铁管，与潜污泵连接的压力排水管采用热镀锌钢管。

1～6 层空调冷凝水以及卫生间污废水靠重力排出室外。卫生间生活污、废水采用合流排出，并设置专用通气立管。－1层和－2层污废水汇集至集水坑，由潜水泵提升排出室外。

（1）－1～－2层排水系统平面图识读分析

以 YF/5 系统为例，－2层污废水汇集于 4、5 轴线和 E、F 轴线之间的 B2-12 集水坑以及 7、8 轴线和 D、E 轴线之间的 B2-10 集水坑，通过排水横支管，管径 DN100 送至 YFL-6 立管并送至－1层。同理，位于 9、10 轴线和 G、F 轴线之间的 B2-07 集水坑以及位于 9、10 轴线和 E、F 轴线之间的 B2-08 给水坑的污废水通过排水横支管，管径 DN100 送至 YFL-4 立管并送至－1层。位于－1层 6、7 轴线和 G、F 轴线之间的 B1-05 集水坑和 B2-07、B2-08、B2-10、B2-12 等集水坑的污水通过位于 G、F 轴线之间的排出管排出，管径 DN150，标高－1.8m。其他排水系统与本系统分析方法类似，本文不再赘述。

（2）－1层 2#卫生间排水系统详图识读分析

女淋浴间的两个地漏、女卫生间两个洗脸盆一个地漏以及三个蹲便器，男淋浴间一个地漏，男卫生间两个洗脸盆一个地漏以及两蹲便器、一个小便器和一个地漏等卫生器具的污废水都汇集到集水坑。管径变化参考 1、2#卫生间排水系统图。两根平行于 8 轴的排水横支管标高为当层地面以下 0.45m，坡度 0.02，坡向集水坑的方向。一根平行于 H 轴的排水横支管标高为当层地面以下 0.5m，坡度 0.035，坡向集水坑的方向。其他卫生间排水系统详图分析方法类似，本文不再赘述。

5.1.5 雨水系统

以 Y/5 系统为例。B1-07 集水坑中的雨水通过潜水泵提升至雨水排出管排出，管径 DN150，标高－1.8m。YL-5、YL-7、YL-8 采用内排水，其他系统采用外排水。

5.2 任务一 水专业系统创建

5.2.1 任务要求

1）解读案例工程给排水专业各系统图纸，找出本工程中出现的水专业系统类别。

2）根据任务分析中给定的配色及命名要求，通过修改、删除、新建等操作将工程项目文件中的给排水专业系统种类补充完整。

5.2.2 任务分析

1）通过阅读本章的图纸解析及给排水各专业系统图纸，案例工程给排水专业系统如表 5.2.1 所示，表后附有具体配色 RGB 要求。

表 5.2.1 给排水专业系统的列表

案例工程系统种类	Revit 中系统分类	RGB 颜色
给水-市政	家用冷水	（127，255，0）
给水-高区	家用冷水	（63，255，0）
中水-市政	家用冷水	（255，191，127）
中水-高区	家用冷水	（255，127，127）
污水	卫生设备	（255，0，255）

续表

案例工程系统种类	Revit 中系统分类	RGB 颜色
废水	卫生设备	（0，191，255）
压力污水	卫生设备	（255，0，255）
压力废水	卫生设备	（63，127，127）
雨水	卫生设备	（255，191，0）
通气管	通气管	（0，0，255）
厨房废水	卫生设备	（255，0，0）
热水给水	循环供水	（255，0，0）
热水回水	循环回水	（255，255，0）

2）系统种类的修改、删除、新建需要在 Revit 软件中的【项目浏览器】–【族】–【管道系统】–【管道系统】位置中进行（图 5.2.1）。

3）系统种类的完善需要至少包括：名称、系统分类、颜色的匹配。

图 5.2.1

5.2.3 任务实施

打开 Revit 软件后，选择 MagiCAD 提供的项目样板新建项目文件，并及时保存。

依次打开【项目浏览器】下树形结构中的【族】–【管道系统】–【管道系统】结构，找到项目文件中已有的系统种类。

1）根据案例工程的系统种类及任务解析中的颜色、名称说明，修改已经存在的给排水专业系统，使之符合工程内容。例如：将案例工程中的"给水-市政"的名称、颜色添加到软件系统中，其中名称前加前缀"GLD－"作为标识。

2）右键选择"MC-生活水-冷水"，点击【类型属性】（图 5.2.2），在打开的【类型属性】对话框中选择【重命名…】按钮，将新名称设置为"GLD-给水-市政"，点击【确定】，完成名称修改（图 5.2.3）。

3）单击"图形替换"行的【编辑…】按钮，在打开的【线图形】对话框中选择【颜色】后的下拉菜单，在"颜色"对话框中设置红、绿、蓝的值分别为 127，255，0，并点击【确定】，此时回到"线图形"对话框，并能看到颜色已修改为指定颜色，再次点击确定回到"类型属性"对话框中，最后点击"确定"关闭对话框完成名称及颜色设置（图 5.2.4）。

4）对照案例工程的系统种类，删除工程中没有使用到的系统种类，减少信息冗余。例如：删除"MC-地暖-供水""MC-地暖-回水""MC-消防-喷淋"。

按住键盘上的 Ctrl 键，鼠标单击多选"MC-地暖-供水""MC-地暖-回水""MC-消防-喷淋"，松开键盘 Ctrl 键后单击鼠标右键，选择【删除】命令，此时选中的系统就会被从项目文件中删除。

　　5）参考案例工程的系统种类及任务解析，增加当前工程项目中没有的系统种类。例如：新增"通气管"系统。

　　鼠标右键单击"通风孔"系统，选择【复制】命令，此时自动生成"通风孔 2"系统（图 5.2.5），接着参照任务实施 1）当中的操作：修改"通风孔 2"的名称和颜色，最终创建"GLD-通风管"系统。其中管道分类在"属性"页面的"系统分类"属性中查看（图 5.2.6）。

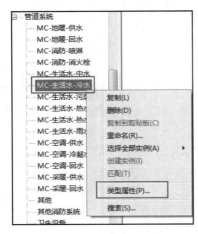

图 5.2.2

图 5.2.3

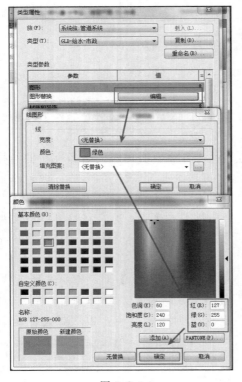

图 5.2.4

图 5.2.5

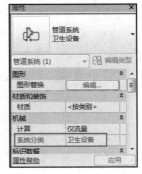

图 5.2.6

[必备知识]

　　新建管道系统的时候需要注意，复制原有系统时不能随意复制，复制前需要认清管道系统的"系统分类"。

　　在 Revit 里面内置了 11 种系统分类，分别是："家用冷水、家用热水、卫生设备、通风孔、循环供水、循环回水、干式消防系统、湿式消防系统、预作用消防系统、其他消防系统、其他"（图 5.2.7），而且在工程【管道系统】下，每种系统分类至少有一个系统类型，如果删除唯一系统分类的系统，则软件会报错（如图 5.2.8）。最终结构如图 5.2.9 所示。

图 5.2.7

图 5.2.9

图 5.2.8

　　总之，当新建新的系统类型时，需要根据新系统的特点选用恰当的系统分类进行复制，本工程的系统分类已经在解析的表格中标明，供读者参考学习。

5.2.4　作业与思考

　　1）作业：在软件中完成案例工程给排水专业系统的系统创建，最终结构如图 5.2.9 所示，各系统颜色按《任务解析》中标注设置。

　　2）思考：在软件中针对不同系统类型设置不同颜色的目的与意义是什么？

　　3）思考：为什么每一个系统分类至少要保留一个系统类型？

5.3　任务二 水管道管段创建

5.3.1　任务要求

　　1）解读案例工程给排水系统设计及施工说明，找出本工程中各系统用到的管道种类及连接方式。

2）根据找到的管道种类，通过新建、修改的方式将本工程用到的管道管段在软件中补充完整。

5.3.2 任务分析

1）通过阅读本章的图纸解析及给排水系统设计及施工说明，案例工程给排水专业系统类型与所使用的管材对应如表 5.3.1 所示。

表 5.3.1　系统类型与所使用的管材对应　　　　　　　　　　mm

系统类型	管道材质	规格范围	连接形式
给水系统			
室内生活给水管道	冷水用衬塑钢管	＜DN100	丝扣连接
		≥DN100	沟槽连接
卫生间内暗装管道	冷水用 PPR		
热水系统			
	热水用衬塑钢管	＜DN100	丝扣连接
		≥DN100	沟槽连接
卫生间内暗装管道	热水用 PPR		
中水系统			
	衬塑钢管	＜DN100	丝扣连接
		≥DN100	沟槽连接
卫生间内暗装管道	冷水用 PPR		
排水系统			
室内排水管、通气管	机制铸铁管，柔性接口		
与潜污泵连接的压力排水管	镀锌钢管		
雨水系统	热镀锌钢管		卡箍连接

2）由于不同材质的管道具有不同的物理化学性能，因此在软件中需要根据工程特点根据图纸要求分别建立不同材质的管道，管道材质的修改、删除、新建在软件中的【机械设置】对话框中进行修改（默认快捷键 MS）。

3）管道材质部分参数较多，设置复杂，本节部分选用复制修改内置材质的方式进行讲解，尺寸目录部分本节采取默认列表，具体水管道绘制时进行具体讲解。

5.3.3 任务实施

在任务二中创建好给排水系统后，绘制具体管道前还需要根据图纸要求将本工程的管道材质补充完整。

打开项目文件后，在英文输入法状态下键盘输入"MS"（大小写不限），打开【机械设置】对话框并切换到"管道设置"下的"管段和尺寸"项目（图 5.3.1）。

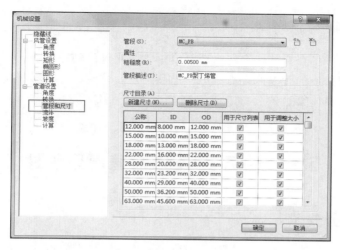

图 5.3.1

打开管段后面的下拉菜单，可以看到目前项目中已有的管道材质，其中PP-R、铸铁管、热镀锌钢管已经存在于项目中（图 5.3.2）。

新建缺少的"冷/热水用衬塑复合钢管"：由于衬塑复合钢管是"钢塑复合管"的一种，因此选中列表中的"钢塑复合管"，再点击【新建管段】按钮（图 5.3.3），在【新建管段】设置中选中"规格/类型"，在规格/类型项目中输入"冷水用衬塑复合钢管"，最后点击【确定】完成冷水用衬塑复合钢管的创建。

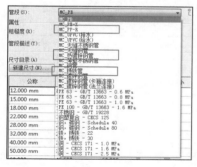

图 5.3.2

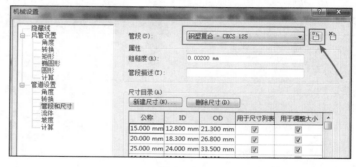

图 5.3.3

按照同样方式创建"热水用衬塑复合钢管"，全部创建完毕后在列表中可见冷水、热水用衬塑复合钢管（图 5.3.4、图 5.3.5）。

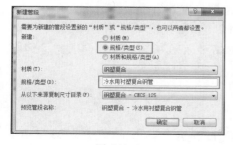

图 5.3.4

图 5.3.5

5.3.4 作业与思考

1）作业：在软件中完成"热水用衬塑复合钢管"管段的创建。

2）思考：不同材质的管段区别有哪些？试从物理、化学、热工学等角度考虑。

3）思考：不同材质管道的公称直径（DN）、内径（ID）、外径（OD）等信息可以通过哪些渠道获取？

5.4 任务三 压力管道模型创建

5.4.1 任务要求

1）根据－1层市政给水系统平面图及系统图，绘制水平方向市政给水系统管道。

2）根据－1层市政给水系统平面图及系统图，创建J0L-1～J0L-6立管，向上立管绘制标高超出1F层底标高500mm，向下立管绘制标高低于－1F层底标高500mm。

5.4.2 任务分析

1）阅读－1层平面图可知，市政给水系统管道主要集中在"3～9轴与D～L轴"范围内，具体走向详见平面图及图纸解析。

2）阅读－1层平面图可以总结出，各个立管所处的位置与方向，具体见表5.4.1。

表5.4.1 立管位置与方向

－1层立管编号	X轴位置	Y轴位置	方向	连接内容	管径
J0L-1	3～4	D～E	向上	1F、2F卫生间	DN40
J0L-2	8～9	H～J	向上	1F、2F卫生间	DN40
J0L-3	7～8	K～L	向上	1F、2F空调机房	DN32
J0L-4	3～4	E～F	向上	1F、2F空调机房	DN32
J0L-5	8～9	H～J	向下	－2F卫生间	DN100
J0L-6	9～10	F～G	向下	－2F制冷机房、消防水池、增压装置	DN100

3）利用【MagiCAD管道】模块下的【水管】命令进行管道的绘制，在进行设置的时候要注意正确选择管道系统、管道类型，根据图纸设置管道规格及标高。

4）立管的绘制通过修改管道标高实现，由于－1层层底的相对标高为－4.5m，要注意当以－1层为参照平面时，J0相对－1层层底的相对标高为＋2.7m，向上立管延伸的终点相对－1层层底为5.0m，向下立管延伸的终点相对－1层层底为－0.5m。

5.4.3 任务实施

1）选择平面：打开软件后，依次打开【项目浏览器】中的"协调"-"楼层平面"-"MEP"，双击"楼层平面：B1-协调"打开B1楼层平面（图5.4.1），也是本次绘制模型的平面。

2）链接底图：通过【链接 CAD】命令，将《－1市政给水系统平面图》链接到项目中。

3）选择命令：单击【MagiCAD管道】模块下的【水管】命令（图 5.4.2），调取出水管设置对话框。

4）水管设置：在水管设置中，第一步选择系统类型为：GLD－给水－市政；第二步选择水管管道类型为"GLD冷水用衬塑复合钢管"；第三步调整管道直径为 150；第四步设置管道中心高度为 2700；最终点击确定完成管道设置（图 5.4.3），进入模型创建界面。

图 5.4.1

图 5.4.2

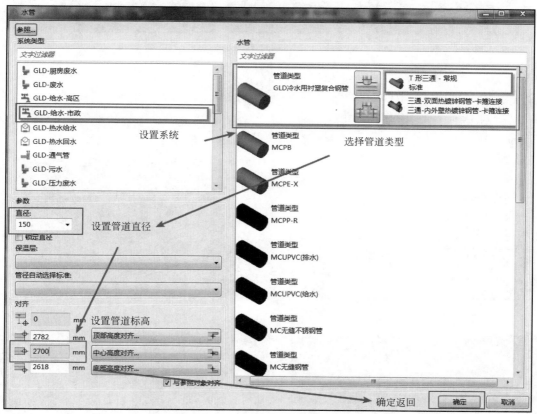

图 5.4.3

5）绘制水平管道：找到 J/1，即市政给水管道接入建筑物部分，在管道起始位置单击鼠标左键确定管道模型起点（图 5.4.4），平移视图，将鼠标移动到走廊内三通处后再次点击鼠标左键确定本段管道的末端（图 5.4.5）。

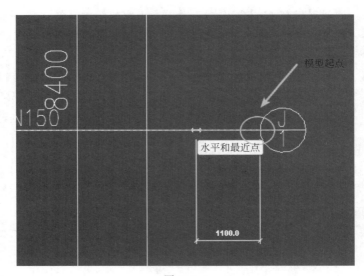

图 5.4.4

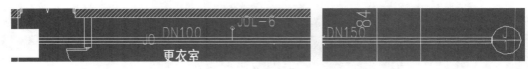

图 5.4.5

6）绘制支管：再次点击水管命令，将管道直径更改为 100（图 5.4.6），其他设置不需修改；点击确定后找到 J0 干管连接 J0L-6 立管分支位置，在已绘制的管道侧壁点击鼠标左键开始绘制支管（图 5.4.7），之后点击 J0L-6 立管圆心位置确定支管末端（图 5.4.8），此时支管绘制完成，并且出现了卡箍连接形式的三通管件（图 5.4.9）。

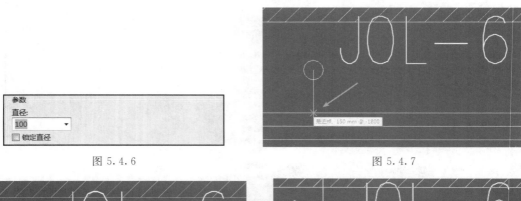

图 5.4.6

图 5.4.7

图 5.4.8

图 5.4.9

7）绘制立管：在设置栏中，将"偏移量"修改为−500mm，并点击【应用】按钮（图5.4.10），此时立管模型创建成功，同时生成卡箍连接形式的弯头管件（图5.4.11）。

图 5.4.10

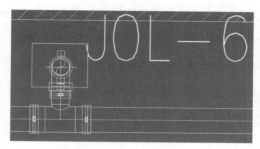

图 5.4.11

8）修改管径：选择标注为 DN100 部分的管道模型，此时管道直径为 150mm（图 5.4.12），修改设置栏中的直径为 100mm，点击键盘上的"回车"键，此时模型直径修改为 100mm，同时生成卡箍连接的变径构件，平面及三维表示如图 5.4.13 所示。

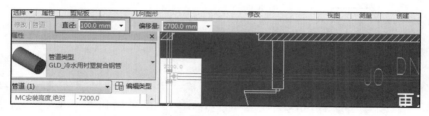

图 5.4.12

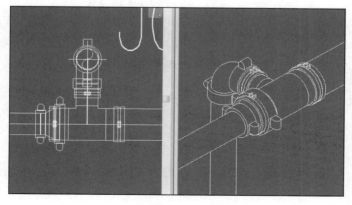

图 5.4.13

9）干管分出两根支管的绘制 1：鼠标单击选择刚才修改过的 DN100 管道，在英文输入法下输入键盘上的"CS"（创建类似图元）快捷键，启动绘制水管功能，修改管道管径为 80mm（图 5.4.14），点击原有 100mm 管道的左侧末端将新管道与原有管道连接（图 5.4.15）；定位到平面图管道所标注的转弯位置（9、J 轴交叉处右上角），点击鼠标左键绘制管道。

图 5.4.14

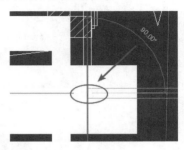

图 5.4.15

10）干管分出两根支管的绘制 2：经过上述操作后，管道分支位置自动生成的是弯头，单击弯头，弯头周围会有"＋"号出现，点击管道分支方向的"＋"号（图 5.4.16），软件将用 T 形三通代替原有的弯头（图 5.4.17）。

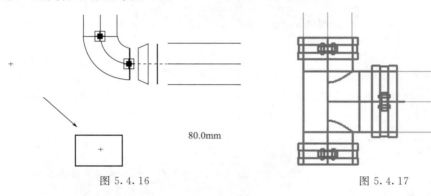

图 5.4.16

图 5.4.17

11）干管分出两根支管的绘制 3：调用绘制水管命令，鼠标捕捉到 T 连接端口点击鼠标左键（图 5.4.18），即可引出水平管道，按之前讲解的步骤绘制水平管道及垂直管道。

12）在建立管道模型时，可以先选用统一管径进行绘制，待单个系统绘制完毕后，再通过点选管段设置管径的方式进行修改，比一边绘制管道一边修改管径的方式要更有效率。

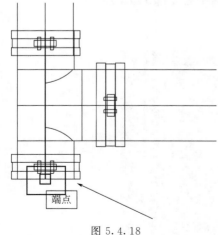

图 5.4.18

5.4.4　作业与思考

1）作业：完成－1 层 2# 卫生间管道的模型创建与绘制。

2）作业：完成－1 层 3# 卫生间管道的模型创建与绘制。

5.5 任务四 大样图内的管道模型创建

5.5.1 任务要求

1）根据 2[#]卫生间给排水平面图及 2[#]卫生间给水系统图，建立－1层中 2[#]卫生间内市政给水系统的管道模型。

2）掌握在利用软件进行模型绘制时，图纸中大样图、细部图内模型的创建绘制方法。

5.5.2 任务分析

1）结合 2[#]卫生间的平面图及系统图可知，市政给水管道通入 2[#]卫生间后，分别连接了 7 个用水点，依次是男淋浴间的 1 个喷淋、女淋浴间的 2 个喷淋，以及男女卫生间各 2 个洗脸盆。

2）管道高度方面，连接洗脸盆的支管是在分叉时高度为 2700mm，之后通过立管下降到 350mm，最后连接到角阀上；淋浴给水管道是一直在 2700mm 高度处，直到到达角阀顶部，再下降。

3）在图纸中，2[#]卫生间内的管道具体走向没有在－1 层给水平面图中给出，而是单独通过详图（大样图）方式给定，但是在工程建模的过程中，需要将此类大样图内的模型建立在楼层中，此时需要将详图（大样图）进行单独处理，使之能够附着在整体的模型中。

4）正确附着入大样图的平面图后，大样图内管道的绘制程序和方法与任务三是一致的。

5）绘制范围方面，连接洗脸盆、喷淋的支管绘制到平面图水平标注位置即可，连接角阀的立管不必绘制。

5.5.3 任务实施

1）底图原点确定：在 AutoCAD 软件中，打开 2[#]卫生间给排水大样图，观察大样图可以看到 8、9 轴与 H 轴相交点。此时利用 AutoCAD 中的直线命令【L】，在 8 轴与 H 轴交点处向 Y 轴负方向绘制长度为 55480 的直线段（H 轴到 A 轴距离），此时终点位置为 8 轴与 A 轴交点；再向左绘制 54600 的直线段（8 轴到 1 轴距离），此时终点位置为 1 轴与 A 轴交点。

2）挪原点：将处理好的图纸以 1 轴与 A 轴交点为基点，移动到坐标系中（0，0，0）位置，进行保存，完成图纸的处理（图 5.5.1）。

3）链接底图：通过【链接 CAD】命令，将处理好的 2[#]卫生间给水平面图链接到项目中，链接前后对比如图 5.5.2、图 5.5.3 所示。

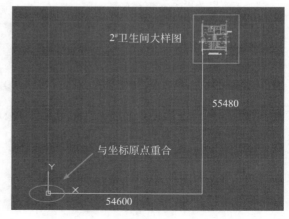

图 5.5.1

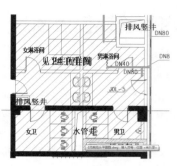

图 5.5.2　未链接 CAD 图

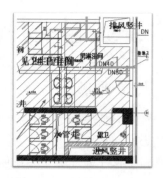

图 5.5.3　链接 CAD 图后

4）链接后即可正常绘制水管，操作方式和任务五相同，请读者先自己尝试绘制一下，绘制完毕后可以参照下列操作流程进行对照查看。

① 选择命令：单击【MagiCAD 管道】模块下的【水管】命令（图 5.5.4），调取出水管设置对话框。

② 水管设置：在水管设置中，第一步选择系统类型为：GLD-给水-市政；第二步选择水管管道类型为"GLD 冷水用衬塑复合钢管"；第三步调整管道直径为 40mm；第四步设置管道中心高度为 2700mm；最终点击确定完成管道设置（图 5.5.5），进入模型创建界面。

图 5.5.4

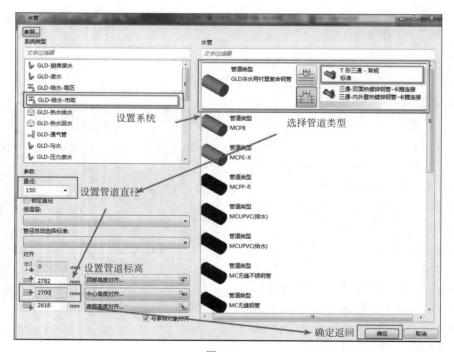

图 5.5.5

③ 绘制水平管道：找到 2# 卫生间大样图与－1 给水平面图给水管道连接位置，即市政给水管道接入 2# 卫生间部分，在原有管道终止位置单击鼠标左键，确定卫生间管道模型起点（图 5.5.6），平移视图，将鼠标移动到女淋浴间内弯折处后再次点击鼠标左键，确定本段管道的末端，最后移动到女淋浴间内部的喷头端点，单击鼠标确定终点，如图 5.5.7 所示。

④ 绘制支管：再次点击水管命令，将管道直径更改为 25mm，其他设置不需修改；点击确定后找到卫生间干管连接男卫生间洗手池的分支位置，在已绘制的管道侧壁点击鼠标左键开始绘制支管（图 5.5.8），绘制到立管符号位置单击鼠标设置控制点，之后修改支管低端标高 350mm，不需要应用，再次单击内侧洗手间平直段弯头位置，即完成支管立管及 350mm 标高处水平支管绘制（图 5.5.9）。

图 5.5.6

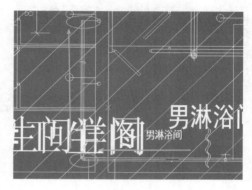

图 5.5.7

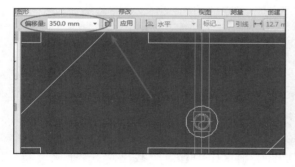

图 5.5.8

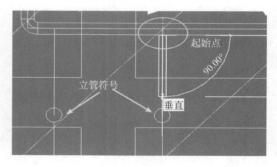

图 5.5.9

⑤ 用同样操作流程及操作方法完成连接女卫生间内两个洗脸盆的管道模型及连接男、女淋浴间的管道，可先不修改管径，成果如图 5.5.10 所示。

5.5.4　作业与思考

1) 作业：完成整个－1 层市政给水系统水平管道的绘制。

2) 作业：完成－1 层中 JOL-1～6 立管的绘制（－1 层市政给水系统管道三维模型如图 5.5.11 所示）。

3）思考：−1层中还有哪些系统是压力管道？

4）思考：−1层中其他压力管道与市政给水管道有什么相同的地方，又有什么不同的地方？

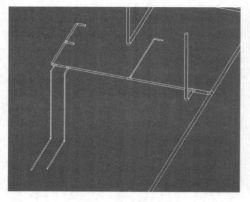

图 5.5.10

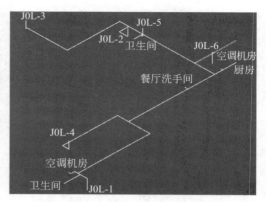

图 5.5.11

5.6 任务五 给水设备、管件绘制

5.6.1 任务要求

1）根据 2[#]卫生间给排水平面图及 2[#]卫生间给水系统图，建立−1层中 2[#]卫生间内市政给水系统的用水设备、阀门、水表模型。

2）根据−1层给水平面图，绘制−1层平面图中存在的阀门、水表模型。

5.6.2 任务分析

1）结合 2[#]卫生间的平面图及系统图可知，2[#]卫生间中市政给水系统管道在刚进入卫生间时，有一个截止阀及一个水表，连接规格与管径相同，为 DN40。

2）在 2[#]卫生间用水器具方面，有 3 个淋浴喷头及 4 个冷热水龙头。

3）从−1层市政给水平面图中能够找出的阀门、水表分别为：两个进风机房各有 2 个截止阀、1 个止回阀及一个水表，尺寸都为 DN20；副食库中有 2 个截止阀、1 个水表及 1 个止回阀，尺寸都为 DN50；在 J0L-3、J0L-4 立管前的平直管段内分别有 1 个截止阀、1 个水表，尺寸都为 DN32。

5.6.3 任务实施

1）产品选择界面：在【MagiCAD 管道】模块下，单击【安装产品】功能（图 5.6.1），弹出【产品选择】对话框，在产品选择中分别存在通风、管道、电气三个专业模块（图 5.6.2-A 区域），其中在管道模块下分为若干个分类（图 5.6.2-B 区域），选择【给水设备】分类，软件默认有 3 个给水设备（图 5.6.2-C 区域），同时，选择不同的给水设备在右侧的预览窗格内可以看到设备的三维模型。

图 5.6.1

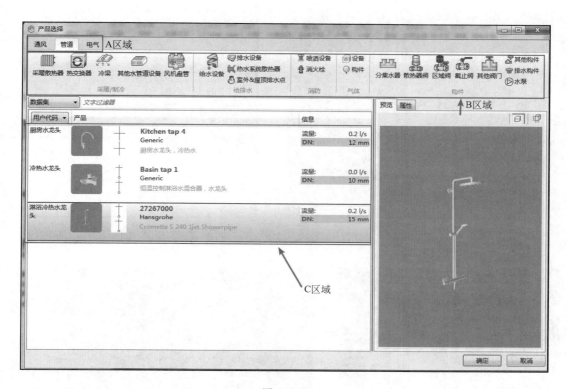

图 5.6.2

本案例中，选取默认存在的给水设备产品设备进行绘制。

2）首先选择"淋浴冷热水龙头"设备，单击右下角确定，此时回到楼层平面，同时跟随鼠标移动的有一个淋浴水龙头的模型，在视图界面中有一个【产品布置】的悬浮窗（图 5.6.3）。鼠标移入悬浮窗时，悬浮窗会进行拓展出额外属性，此时需要根据工程要求对属性进行设置：热水系统类型为"家用热水"、冷水系统类型改为"GLD-给水-市政"、连接件图元位置修改为"后部"，管道间距修改为"200mm"，修改后结果如图 5.6.4所示。

3）布置设备：修改好属性后，在卫生间淋浴位置附近单击鼠标将淋浴设备绘制到项目中，此时设备方向与图纸中方向不一致（图 5.6.5），选中设备后，利用"RO"旋转命令，将喷淋设备旋转到正确方向（顺时针旋转90°），再利用移动命令"MV"，选取喷淋设备冷水连接点为基点，移动到冷水水管较近的墙边线上，如图 5.6.6所示。

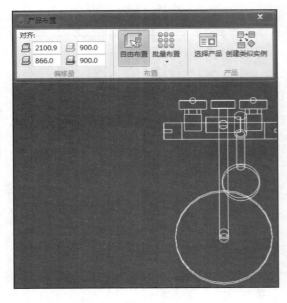

图 5.6.3

图 5.6.4

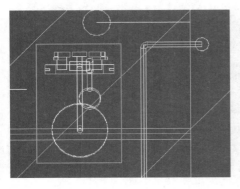

图 5.6.5

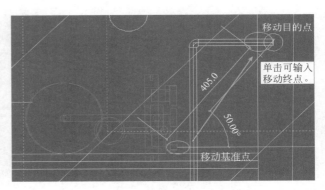

图 5.6.6

4）冷水管连接设备：再次选择设备。在设备引出的管道标志上单击鼠标，绘制管道，如图 5.6.7所示；将管道与已经绘制好的水平支管连接，则软件自动生成立管及弯头，设备

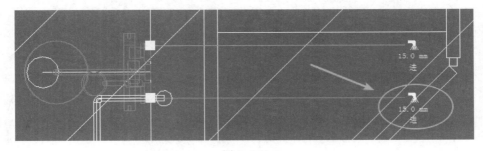

图 5.6.7

连接到系统内（图5.6.8）。

5）布置阀门：启动安装产品功能，选择【截止阀】，选择其中的"球阀""X1666"，并修改规格为DN40，单击确定，返回绘图平面（图5.6.9）。在绘图平面中的"产品布置"悬浮窗中选择"选定尺寸布置"，选择管道上布置阀门的位置单击鼠标，此时阀门就布置在管道上了（图5.6.10）。

6）尺寸匹配布置阀门：选择【尺寸匹配布置】方式，选择J0L-3立管前的平直管道，此时软件会根据所选择管道的尺寸进行阀门匹配，选择最适合本规格管道的阀门，待软件加载后再次点击本位置，则DN32管径的阀门成功绘制（图5.6.11）。

7）用同样方式将水表添加到管道上，最终成果如图5.6.12所示。

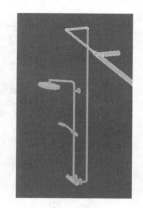

图5.6.8

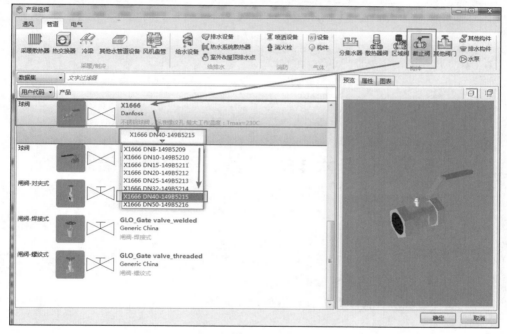

图5.6.9

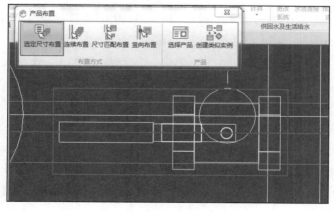

图5.6.10

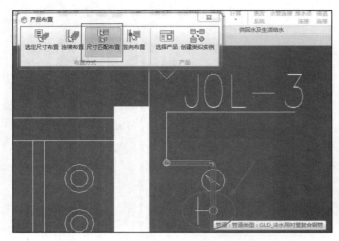

图 5.6.11

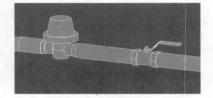

图 5.6.12

5.6.4 作业与思考

1）作业：完成－1层2#卫生间管道的模型创建与绘制。

2）作业：完成－1层3#卫生间管道的模型创建与绘制。

5.7 任务六 排水设备、重力管道绘制

5.7.1 任务要求

1）以－1层2#卫生间为例：根据2#卫生间排水平面图及2#卫生间排水系统图，建立－1层中2#卫生间内排水设备及污水管道模型。

2）掌握软件中排水设备、重力管道模型建立方法。

5.7.2 任务分析

1）结合2#卫生间的平面图及系统图可知，2#卫生间中排水设备有4种，分别是地漏、洗脸盆、蹲便器及小便斗。

2）根据平面图、系统图及相关说明，地漏、洗脸盆、小便斗连接管径为DN50，蹲便器连接管径为DN100，地漏的安装高度为层底标高、洗脸盆安装高度为1200、小便斗安装高度为600、蹲便器连接高度为0。

3）2#卫生间中污水管道共有两种管径，分别是DN50及DN100。

4）绘制排水、污水设备时所用软件功能为【MagiCAD管道】模块下的【安装产品】功能内的【排水设备】工具。

5）排水设备连接污水管（排水管）等重力管道所使用的功能为【排水点连接】，如图5.7.1线框。

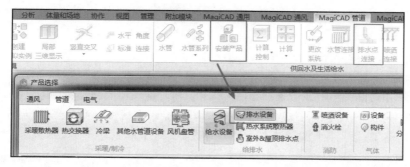

图 5.7.1

5.7.3　任务实施

1）底图链接：将《2#卫生间污水-平面图》进行拆楼层、挪原点处理后，利用【链接CAD】命令将链接入项目工程的"B1-协调楼层平面"。

2）选择排水设备：在【MagiCAD 管道】模块下，单击【安装产品】按钮（图 5.7.2），弹出【产品选择】对话框，选择【排水设备】分类，在分类中选择【地漏－50】（图 5.7.3），单击确定，回到楼层平面视图。

图 5.7.2

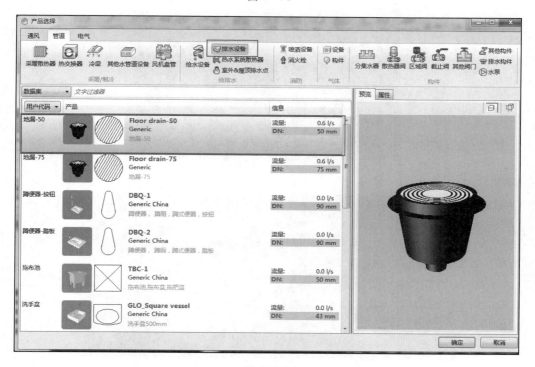

图 5.7.3

3）此时进入模型绘制模式，跟随鼠标移动的是刚才选中的地漏模型，同时在视图界面中出现【产品布置】的悬浮窗（图 5.7.4）。鼠标移入悬浮窗时，悬浮窗会进行拓展出额外属性，此处不需要进行修改，系统类型在后期修改。

4）布置地漏设备：确认好安装高度为 0 后（默认值为 0），通过鼠标移动模型，找到卫生间位置，在平面图中地漏图示所在位置中心单击鼠标，将地漏模型绘制到项目中（图 5.7.5），由于 2# 卫生间内地漏采用的是同一规格，所以移动鼠标平移视图，用同样的点击建模的方式（或复制方式）将其他 5 个地漏模型都建立完毕。

 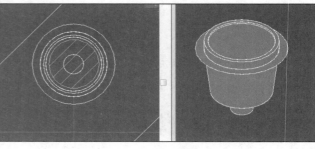

| 图 5.7.4 | 图 5.7.5 |

5）布置洗脸盆：同样启动【安装产品】功能，选择"方形洗脸盆"，设置洗脸盆的高度为 800（图 5.7.6），将洗脸盆放置在相应位置（先放置再旋转），如图 5.7.7 所示。

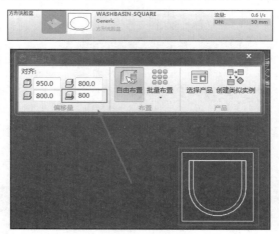

图 5.7.6

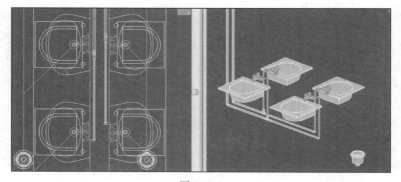

图 5.7.7

6）绘制重力管道：选择【水管】命令，修改属性内容，见图5.7.8：系统、水管类型选择、管道直径、管底标高，修改完成后单击确定，找到2#卫生间内最远端地漏，在地漏圆心处单击鼠标，确定污水管第一点（图5.7.9），修改坡度属性为【向下坡度】，坡度值为2‰（图5.7.10），一直绘制到卫生间左下角的立管标志处。此时第一个地漏已经自动和污水管连接，如图5.7.11所示。

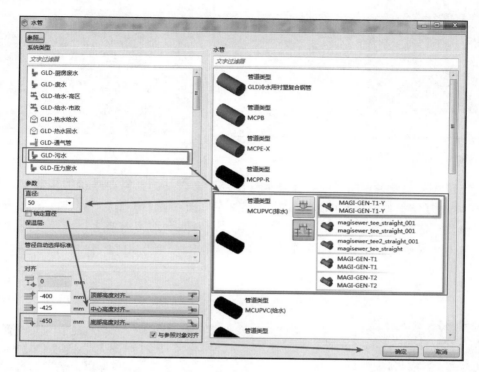

图5.7.8

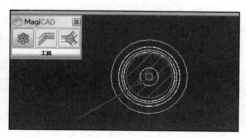

图5.7.9

图5.7.10

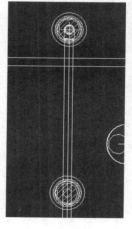

图5.7.11

7）连接地漏设备：选择【MagiCAD管道】模块下的【排水点连接】命令，选择第二个地漏，再选择污水管，此时弹出【排水管连接】，可以在三维视图中查看方案结果（图5.7.12），此处直接点击确定即可，结果如图 5.7.13 所示。

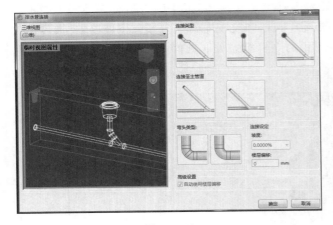

图 5.7.12

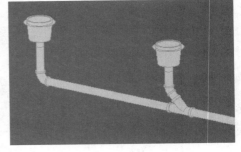

图 5.7.13

8）连接洗脸盆设备：同样选择【排水点连接】命令，选择需要连接的洗脸盆，再选择污水管道，在【排水管连接】中选择相应连接类型（图 5.7.14），确定后进行连接。

9）修改管道管径为 150：连接两个洗脸盆后，根据设计图纸要求，洗脸盆连接点后的管道为 DN150 规格，所以选择洗脸连接处之后的管道及附件（选择范围见图 5.7.15），将规格改为 150。

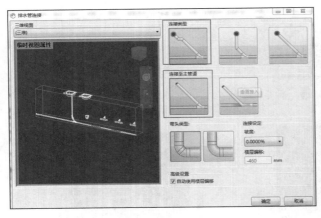

图 5.7.14

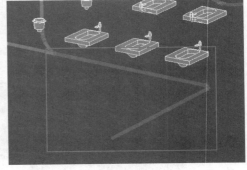

图 5.7.15

10）连接蹲便器：依旧使用【排水点连接】功能连接三个蹲便器，由于蹲便器连接的管径较粗（DN100），而且连接距离短，所以需要多个连接类型进行查看，排除无法连接成功的方案，本案例中选择的连接类型如图 5.7.16 所示，注意最后一个蹲便器连接的位置是 X 方向的干管，连接类型如图 5.7.17 所示。

5.7.4 作业与思考

1）作业：完成－1 层 2# 卫生间管道的模型创建与绘制。

2）作业：完成－1 层 3# 卫生间管道的模型创建与绘制。

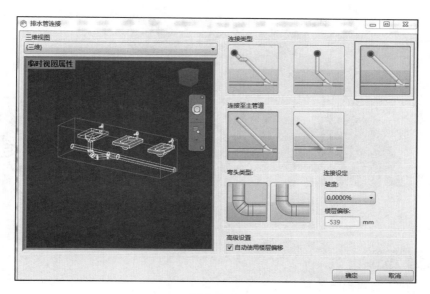

图 5.7.16

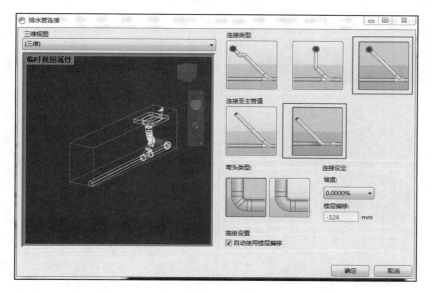

图 5.7.17

第6章

建筑电气BIM模型创建

 问题导入

1. 案例图纸的强弱电系统组成是怎么样的？
2. 电箱、灯具、开关等模型如何创建？桥架、线管、接线盒模型该如何创建？
3. 电气回路如何连接？

本章内容框架

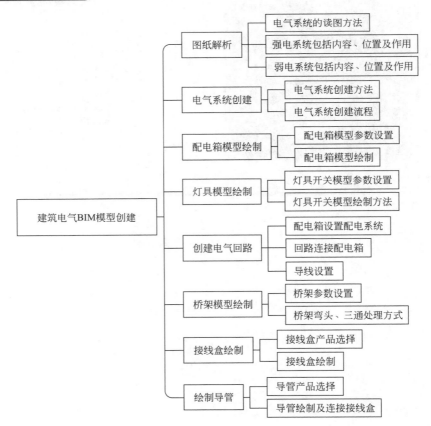

建筑电气BIM模型创建

- 图纸解析
  - 电气系统的读图方法
  - 强电系统包括内容、位置及作用
  - 弱电系统包括内容、位置及作用
- 电气系统创建
  - 电气系统创建方法
  - 电气系统创建流程
- 配电箱模型绘制
  - 配电箱模型参数设置
  - 配电箱模型绘制
- 灯具模型绘制
  - 灯具开关模型参数设置
  - 灯具开关模型绘制方法
- 创建电气回路
  - 配电箱设置配电系统
  - 回路连接配电箱
  - 导线设置
- 桥架模型绘制
  - 桥架参数设置
  - 桥架弯头、三通处理方式
- 接线盒绘制
  - 接线盒产品选择
  - 接线盒绘制
- 绘制导管
  - 导管产品选择
  - 导管绘制及连接接线盒

6.1　任务导入：图纸解析

6.1.1　读图方法

阅读建筑电气工程图，除了要了解建筑电气工程图的特点外，还应该按照一定的顺序进行阅读，才能比较迅速全面地读懂图纸，完全实现读图的意图和目的。一套建筑电气工程图一般应按以下顺序依次阅读和必要的相互对照参阅。

1）看标题栏和图纸目录。

2）看总说明。

3）看系统图。

4）看电路图和接线图。

5）看平面布置图。

6）看安装大样图（详图）。

7）看设备材料表。

在读图的方法上，可以采取先粗读，后细读，再精读的步骤。

6.1.2　强电系统图纸解析

（1）负荷分类

本工程为二类建筑，所有消防用设备、安防控制中心内设备、信息中心、网络服务中心、电话及网络机房、应急照明、主要通道及楼梯间照明、变频给水泵设备、排污泵、客梯等用电均为二级负荷，其余均为三级负荷。

（2）强电系统

如 E-00410kV 高压系统图所示，本工程从市政电力引来二路 10kV 电源，两路电源同时工作，互为备用，满足二级负荷供电要求。高压系统采用单母线分段运行，互为备用，母线手动联络，平时两路 10kV 电源同时运行，母联断开；当一路电源断电时，人工闭合母联断路器，由另一路承担全部二级负荷。

如 E-00710kV 低压配电屏系统图所示，低压为单母线分段运行，联络开关设自投自复、自投不自复、手动转换开关；自投时应自动断开三级负荷，以保证变压器正常工作，低压主进开关与联络开关之间设电气联锁，任何情况下只能合其中的两个开关。

在 E-005～E-006 竖向系统图中，可以看到从地下一层变配电机房引出多路配电线路，系统采用放射式与树干式相结合的方式分配至各用电点。

在 E-011～E-016 动力系统图中，可以看到从竖向系统中引出的电力分配到各动力装置。

在 E-102 地下一层动力平面图中，可以看到本层动力装置配电盘的位置及其电力来源。

在 E023～E025 照明系统图中，可以看到建筑物各处照明电源引自哪个配电屏，以及线路的设计容量。

以地下一层为例。由 E-202 地下一层照明平面图和 E-023 照明系统图可知，车道照明选用 T5 单管荧光灯，每隔 4.2m 安装一个，图中未标注安装方式。车道照明均经无卤低烟阻燃型三芯线缆，线芯截面 $2.5mm^2$，穿 $\phi15mm$ 钢管暗敷在屋面或吊顶内，自配电箱 AL-B1-U2 取电。车道应急照明选用 T5 应急单管荧光灯，与应急 22W 单端节能荧光灯一同，经无卤低烟阻燃耐火型三芯线缆，线芯截面 2.5mm²，穿 ϕ15mm 钢管暗敷在屋面或吊顶内，自配电箱 ALE-B1-U2 取电。以上照明均通过 DDC 来控制。

变配电间选用 7 个 35W 应急单管荧光灯和 9 个应急双管荧光灯，由暗装三极开关控制。值班室选用 2 个应急双管荧光灯，由一个暗装单极开关控制。变配电间灯具经无卤低烟阻燃耐火型三芯线缆，线芯截面 2.5mm²，穿 ϕ15mm 钢管暗敷在屋面或吊顶内，自配电箱 ALE-B1-SUB 取电。

弱电进线及有线电视机房采用 4 个 T5 应急双管荧光灯，每个灯管 35W，由一个暗装单极开关控制；电话及通讯机房采用 12 个 35W T5 双管荧光灯，由 2 个暗装双极开关控制；排风机房采用 2 个应急单管荧光灯，由一个暗装单极开关控制；进风机房和气体灭火钢瓶间各采用 1 个应急单管荧光灯，有 1 个暗装单极开关控制。以上灯具经无卤低烟阻燃耐火型三芯线缆，线芯截面 2.5mm²，穿 ϕ15mm 钢管暗敷在屋面或吊顶内，自配电箱 ALE-B1-TV 取电。

强电间和弱电间各装 1 个应急双管荧光灯，各由 1 个暗装单极开关控制，经无卤低烟阻燃耐火型三芯线缆，线芯截面 2.5mm²，穿 ϕ15mm 钢管敷设，自配电箱 ALE-B1-D1 取电。

上述配电箱安装在轴线 6、7、L、J 之间的 2 号楼梯间外墙和强电间。

由 E-211 地下一层插座平面图和照明系统图可知，车道和进风机房的单相暗装插座分两路，经无卤低烟阻燃型三芯线缆，线芯截面 2.5mm²，穿 ϕ20mm 钢管暗敷在墙和地面内，自配电箱 AS-B1-U2 取电。车道上的诱导风机分四路，经无卤低烟阻燃型三芯线缆，线芯截面 2.5mm²，穿 ϕ20mm 钢管暗敷在墙和吊顶内，自配电箱 AS-B1-U2 取电。

地下一层台球室、男女更衣室、练操房、乒乓球室和餐厅的风机盘管分两路 WL10、WL11 经无卤低烟阻燃型三芯线缆，线芯截面 2.5mm²，穿 ϕ20mm 钢管暗敷在吊顶内，自配电箱 AS-B1-D2 取电。本层其他风机盘管分两路 WL10、WL11 经无卤低烟阻燃型三芯线缆，线芯截面 2.5mm²，穿 ϕ20mm 钢管暗敷在吊顶内，自配电箱 AS-B1-U1 取电。风机盘管的供电回路由 DDC 统一控制。

变配电室的单相暗装插座，经无卤低烟阻燃型三芯线缆，线芯截面 2.5mm²，穿 ϕ15mm 钢管暗敷在地面内，自配电箱 ALE-B1-SUB 取电。B1-10 强电间和 B1-08 弱电间插座经无卤低烟阻燃耐火型三芯线缆，线芯截面 2.5mm²，穿 ϕ15mm 钢管暗敷在地面内，自配电箱 ALE-B1-D2 取电。B1-03 强电间和 B1-01 弱电间插座经无卤低烟阻燃耐火型三芯线缆，线芯截面 2.5mm²，穿 ϕ15mm 钢管暗敷在地面内，自配电箱 ALE-B1-D1 取电。B1-24 强电间和 B1-22 弱电间插座自 ALE-B1-U1 取电。

上述配电箱安装在各强电间内及 2 号楼梯间外墙上。

由 E-102 地下一层动力平面图及 E-103 动力系统图可知，轴线 N、M、3、4 之间的 2 台 2.2kW 潜水泵，轴线 J、K、2、3 之间的 2 台 1.5kW 潜水泵和轴线 L、7 交叉点处的 2 台 1.5kW 潜水泵均由各自的就地控制箱（AP-B1-PS1、AP-B1-PS2、AP-B1-PS3）经 5 芯低烟无卤阻燃型交联聚烯烃绝缘控制电缆，线芯截面 4mm²，穿 ϕ25mm 钢管，在安装高度为 3.5m 的 100mm×100mm 钢制桥架内沿顶或墙明敷，自 B1-24 强电间的 APE-B1-1 取电，APE-B1-1 直接连接封闭母线。

轴线 G、F、1、2 之间的 2 台 2.2kW 潜水泵，轴线 G、7 交叉点处的 2 台 1.5kW 潜水泵，轴线 D、2 交叉点处的 2 台 2.2kW 潜水泵，均由各自的就地控制箱（AP-B1-PS4、AP-B1-PS5）经 5 芯低烟无卤阻燃型交联聚烯烃绝缘控制电缆，线芯截面 4mm²，穿 ϕ25mm 钢管，在安装高度为 3.5m 的 100mm×100mm 钢制桥架内沿顶或墙明敷；轴线 C、3 交叉点处的 3 台 4kW 潜水泵，轴线 B、4 交叉点处、轴线 B、7 交叉点处和轴线 C、9 交叉点处各 3 台 4kW 潜水泵，均由各自的就地控制箱（AP-B1-PS6、AP-B1-PS7、AP-B1-PS8、AP-B1-PS9、AP-B1-PS10）经 5 芯低烟无卤阻燃型交联聚烯烃绝缘控制电缆，线芯截面 10mm^2，穿 ϕ50mm 钢管暗敷在地板内或沿墙明敷。以上线缆均经安装高度为 3.5m 的 200mm×100mm 钢制桥架，自 B1-03 强电间的 APE-B1-2 取电，APE-B1-2 直接连接封闭母线。

轴线 M、8 交叉处排风机房的两个排风兼排烟风机 SEF/EAF-B1-01 和 SEF/EAF-B1-02 经 4 芯低烟无卤阻燃耐火型交联聚烯烃绝缘控制电缆，线芯截面 10mm^2，穿 ϕ50mm 钢管，沿顶明敷，自附近的 APE-B1-SEF1 取电，经隔板宽度为 100mm，总宽度 200mm，高度 100mm 的埋地线槽，连接至 AP-B1-F1 和 APS-B1-F1 上。

轴线 J、8 交叉处排风机房的排烟风机经 4 芯低烟无卤阻燃耐火型交联聚烯烃绝缘控制电缆，线芯截面 4mm^2，穿 ϕ32mm 钢管，暗敷在地板下，自附近的 APE-B1-SEF2 取电。轴线 C、3 交叉处排风机房的排烟风机经 4 芯低烟无卤阻燃耐火型交联聚烯烃绝缘控制电缆，线芯截面 4mm^2，穿 ϕ32mm 钢管，暗敷在地板下，自附近的 APE-B1-SEF3 取电。轴线 G、7 交叉处气体灭火钢瓶间的排风机经 4 芯低烟无卤阻燃耐火型交联聚烯烃绝缘控制电缆，线芯截面 4mm^2，穿 ϕ32mm 钢管，暗敷在地板下，自附近的 APE-B1-EAF 取电。

轴线 J、7 交叉处电话及通讯机房的排风机经 4 芯低烟无卤阻燃耐火型交联聚烯烃绝缘控制电缆，线芯截面 2.5mm^2，穿 ϕ25mm 钢管，沿顶明敷，自附近的 AP-B1-FAN2 取电。

轴线 K、7 交叉处进风机房的送风兼补风机经 4 芯低烟无卤阻燃耐火型交联聚烯烃绝缘控制电缆，线芯截面 4mm^2，穿 ϕ32mm 钢管，沿顶明敷，自附近的 APE-B1-MAF1 取电。

轴线 F、C、9 之间的排风机经 4 芯低烟无卤阻燃型交联聚烯烃绝缘控制电缆，线芯截面 6mm^2，穿 ϕ32mm 钢管，沿顶或墙明敷；空调机组经 4 芯低烟无卤阻燃型交联聚烯烃绝缘控制电缆，线芯截面 10mm^2，穿 ϕ40mm 钢管，沿顶明敷；送风机经 4 芯低烟无卤阻燃型交联聚烯烃绝缘控制电缆，线芯截面 2.5mm^2，穿 ϕ25mm 钢管，沿顶明敷，以上设备均自 AP-B1-AHU 取电。

轴线 3、E 交叉处的空调机组经 4 芯低烟无卤阻燃型交联聚烯烃绝缘控制电缆，线芯截面 2.5mm^2，穿 ϕ25mm 钢管，沿顶明敷，自 AP-B1-PAU1 取电；补风风机经 4 芯低烟无卤阻燃耐火型交联聚烯烃绝缘控制电缆，线芯截面 4mm^2，穿 ϕ32mm 钢管，暗敷在地板下，自 APE-B1-MAF3 取电。

轴线 J、9 交叉处的新风机经 4 芯低烟无卤阻燃型交联聚烯烃绝缘控制电缆，线芯截面 2.5mm^2，穿 ϕ25mm 钢管，沿顶明敷，自 AP-B1-PAU2 取电。

以上空调机、新风机、送排风机均由 BAS 监控，DDC 电源取自为被控设备供电的配电箱。

高压 10kV 进线自轴线 K、10 处引入电缆分界室，在地下一层变配电室设两台 2500kV·A 变压器。T1 变压器主要为照明及小动力供电，负载率 75.5%；T2 变压器主要为热泵机组、空调机、通风机、水泵、电梯等动力用电供电，负载率 71.7%。

自地下一层变配电室 A04、A05、A06 分别引出 1000A、1000A、1600A 的密集母线至 A13、A18、A23，并向上引出至首层强电间。变配电室内其他配电柜分配电能至各用电点。

6.1.3　弱电系统图纸解析

6.1.3.1　建筑设备管理系统

如 RD-SYS-017 建筑设备管理系统图所示，底层的 DDC 通过 CAT6 接入各楼层的交换机，3/4/5/6 层的接入交换机通过 CAT6 连接到 2 层交换机，2、1、负一的交换机通过 6 芯多模室内光缆连接核心交换机，与核心机房的楼控系统主机、安防/消防中心的能源管理工作站、机房动力环境监控工作站、智能照明工作站、热泵机房监控工作站和变电站工作站构成系统。

在 RD-FL-045 中可以看到，负一楼在台球室、男女更衣室、练操房、乒乓球室、餐厅、厨房办公室、电梯厅、冷冻库、厨房男女宿舍、司机休息室、保洁休息室和值班室内安装风机盘管，由联网温控器分别控制。联网温控器之间用手拉手的方式连接至弱电间 B1-08 和 B1-01 的数据采集器。在中央空调风机盘管监控系统图中可知，数据采集器通过 UTP6 线缆经由弱电井和线槽连接到一楼监控中心的交换机。

6.1.3.2　综合布线系统

语音部分通过垂直子系统 3 类大对数铜缆连接电话机房与每个楼层小交换机房。数据部分垂直子系统主干分别采用支持以太网的六芯光缆连接通讯机房与楼层小交换机房，另有一条六类线备用。

负一层中，有 49 个四口信息插座、24 个电视接口、12 个无线上网进入点通过 2 个楼层配线架，6 个 24 口的交换机接光纤分线器，经 4 根 6 芯多模光纤接入 2F 交换机房的配线架，再将信号接入 1F 监控中心；另有 2 根 100 芯的大对数电缆、6 根非屏蔽六类线接入 1 层监控中心。另有 8 个宽带接入口接入 1F 业主自用机房。

6.1.3.3　有线电视系统

在有线电视系统图中，可以看到，市政有线电视信号通过同轴电缆从弱电进线及有线电视机房引入，经均衡器、放大器放大后连接四分支器将信号分为 4 路，其中 1 路接终端电阻，其他 3 路中的 1 路经放大器、二分配器分为两路分别接至负一层的两个弱电间，分别经 4 分配器引出两路，再接四分支器接餐包、健身区及公共餐厅的电视插座；1 路经放大器至 3 楼弱电间，再分配至 2～6 层；1 路连接至负一层另一个弱电间经 4 分配器、4 分支器接至机房及公共区域的 6 个电视插座。

6.1.3.4　安全防范系统

（1）一卡通系统

在地下餐厅财务室、一层中控室和人事管理办公室各装一台发卡器。在餐厅安装 6 个读卡器，以手拉手的形式连接至地下餐厅财务室，构成消费系统。

（2）入侵报警系统

仅在财务管理师、出纳室、报销室各设一个双鉴探头，经两芯软护套线经地址码编码器接入控制主机，并通过联动单元可与视频监控系统进行联动。

（3）闭路电视监控系统

负一层共设 3 台球机、11 台枪机、17 台半球，在弱电间设引自监控室的电源统一供电。视频信号经 16 路视频分配器分为两路，一路至硬盘录像机（系统共设 12 台录像机），一路至 210×12 视频矩阵切换主机，再输出至 8 台 40 寸 LED 监视器，4 台 46 寸 LED 拼接屏监视器。从矩阵主机经码分配器，通过 2×1.0 的软护套线控制前端的云台和镜头。

负一层另设 9 个巡更点。

（4）出入口门禁系统

在负一层进入停车库的四个出入口、电话及通信机房出入口、司机休息室、变配电间分别设电控锁、出门按钮和读卡器，经门禁控制器接网络控制器，接入 1 层监控中心的交换机。整个门禁系统由 UPS 供电。

防盗报警系统、闭路电视监控系统和门禁系统各工作站经安防控制系统服务器接入上位机，实现系统集成。

（5）车库管理系统

在车库的出入口设置感应线圈检测车辆及防挡车，检测信号经两芯 1.0mm² 软护套线接挡车器，接入控制器；车载卡感应器经 4 芯 0.5mm² 接入挡车器；出入口设摄像头经视频采集卡接收费及控制计算机。该系统可集成至建筑设备管理系统。

6.1.3.5 背景音乐系统

负一层在走廊吸顶安装 39 个 3W 扬声器，在停车库壁挂安装 9 个 6W 扬声器。音源如 CD 播放器、数字调谐器、寻呼话筒经前置放大器将声音信号送入数码编程分区控制器，再经纯后级功率放大器，从扬声器播出。2 台电源时序器为各设备顺序供/断电。

系统经消防智能接口通过超五类网线连接强切电源，在特殊情况切至紧急广播。

6.2 任务一 电气系统创建

6.2.1 任务要求

根据图纸说明及平面图、系统图，在软件中完善照明配电系统中的一般照明系统、应急照明系统、应急疏散照明系统三个系统，掌握创建、修改电气系统的方法及流程。

6.2.2 任务分析

根据照明系统图及－1 层照明平面图可知，图纸中照明系统包括一般照明系统、应急照明系统、应急疏散照明系统，其中一般照明系由 AL-B1-U2 电箱控制的主要为车道照明、AL-B1-D2 电箱控制的为卫生间、走廊、健身放照明……应急照明以 ALE-B1-U1/U2/D2 电箱控制的应急疏散照明……ALE-B1-SUB 电箱控制的应急照明。

在 Revit 软件中虽然可以进行风管系统和管道系统的设置与定义，但却没有电气系统设置，对于电气系统的定义需要到 MagiCAD 数据集中进行设置。

6.2.3 任务实施

1）打开软件后，选取正确的项目样板，并将项目关联到 MagiCAD 数据集；打开本项目的数据集：打开数据集既可以在 MagiCAD 通用模块下选择【数据集】—【修改数据集】（图 6.2.1），也可以在 MagiCAD 通风/管道/电气等模块中直接选择【修改数据集】功能（图 6.2.2）。

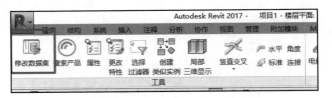

图 6.2.1　　　　　　　　　　　　　　　图 6.2.2

2）在数据集中展开"电气"结构（弱电智控系统则选择"电信和数据"结构），选择结构中的"系统"功能，此时对话框右侧出现本项目关联数据集中所包含的电气系统。如图 6.2.3 所示。

图 6.2.3

3）新建系统的方式有两种方法。方法 1 是借助原有系统，在已有系统上进行修改后形成新的系统，具体方法是在需要修改的系统上单击鼠标右键，选择【新建/复制选定…】，意思是复制选中的系统，并进行修改，此时打开的对话框信息填充的是选定的系统，用户在此基础上修改即可，如图 6.2.4、图 6.2.5 所示。

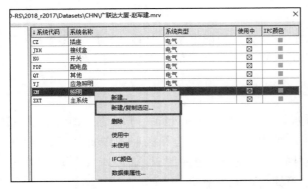

图 6.2.4　　　　　　　　　　　　　　　图 6.2.5

方法 2 是直接在空白处或者在已有系统上单击右键后选择【新建…】（图 6.2.6），此时打开的对话框信息为空白，需要用户自己输入（图 6.2.7）。

在对话框中输入系统代码（系统中文名称拼音首字母），输入系统中文名称，系统状态默认为使用中（当数据集中的系统在本项目中不使用，但在其他项目中使用时可以取消复选框，减少本项目的系统分类），IFC 颜色设置的内容用于指定项目模型输出 IFC 时，在第三方 IFC 查看工具中模型显示的颜色。本案例中不涉及导出 IFC 模型查看所以采用默认，最后建成的效果如图 6.2.8 所示。

图 6.2.6

图 6.2.7

系统代码	系统名称	系统类型	使用中	IFC颜色
QT	其他	电气	☒	☐
YBZM	一般照明	电气	☒	☐
YJBY	应急备用照明	电气	☒	☐
YJSS	应急疏散照明	电气	☒	☐
ZXT	主系统	电气	☒	☐

图 6.2.8

4）电信和数据系统的创建与电气系统创建方法一致，具体位置在"电信和数据"结构下的"系统"中设定，具体操作步骤和方法参照电气系统，如图 6.2.9 所示。

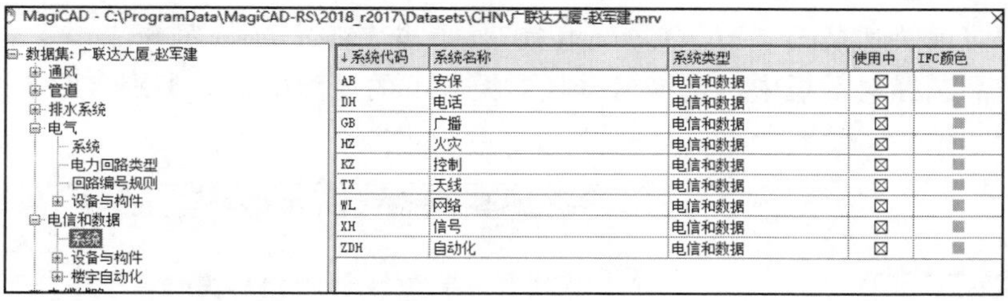

图 6.2.9

6.2.4 作业与思考

1）作业：仔细阅读图纸说明、系统图及平面图，根据图纸要求建立强电/弱点系统。

2）思考：将电气系统建立清晰对于建模有什么优点和好处？

6.3 任务二 配电箱模型绘制

6.3.1 任务要求

根据 B1 照明平面图、照明系统图、动力系统图、图例等图纸及任务分析给定的资料，将地下一层 AL-B1-U2 配电箱模型绘制完毕，掌握配电箱的绘制方法。

6.3.2 任务分析

阅读地下一层照明平面图，找到 AL-B1-U2 配电箱在 6～7 轴、L～K 轴之间 2# 楼梯间西侧（图 6.3.1），配电箱的尺寸及安装方式在图纸中未标明，本例中以 AL-B1-U 箱体尺寸为基准（图 6.3.2），AL-B1-U 配电箱具体数值见动力系统图。

图 6.3.1

图 6.3.2

绘制配电箱选用的功能为【安装产品】功能，根据图纸说明或设计要求设定相应参数后将模型建立到项目中。

6.3.3　任务实施

将地下一层照明平面图处理好后链接到项目中的－1 层（协调视图或电气–强电照明视图），确保绘制的设备管线能够在平面视图中查看（图 6.3.3）。

功能区中将模块切换至"MagiCAD 电气"，点击安装产品（图 6.3.4），启动产品选择对话框。在产品选择对话框中，选择【电气】模块下的【配电盘】类别（图 6.3.5）。

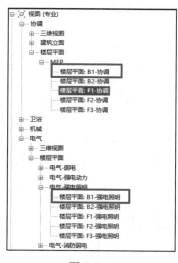

图 6.3.3

图 6.3.4

图 6.3.5

在空白区域点击鼠标右键，选择【新建…】，打开"数据集属性"对话框（图 6.3.6），在该对话框中输入配电箱相关信息（电气数据、2D 图标及尺寸信息）后点击确定退出。

退出数据集属性后回到选择产品选择对话框，选择刚才设置的 AL-B1-U2 配电箱（图 6.3.7），点击右下角确定后进行配电箱模型的绘制。

配电箱绘制方式为自由布置，即在左上角设置设备高度后在平面视图中选择布置位置，配电箱默认方向为X方向长度为配电箱的宽度值（图6.3.8），对于本例中配电箱需要翻转90°，在绘制之间单击键盘上的"空格"键即可进行旋转（图6.3.9），旋转到符合要求的位置后即可单击鼠标左键进行绘制，绘制完毕后点击【应用】完成配电箱的绘制，如图6.3.10所示。

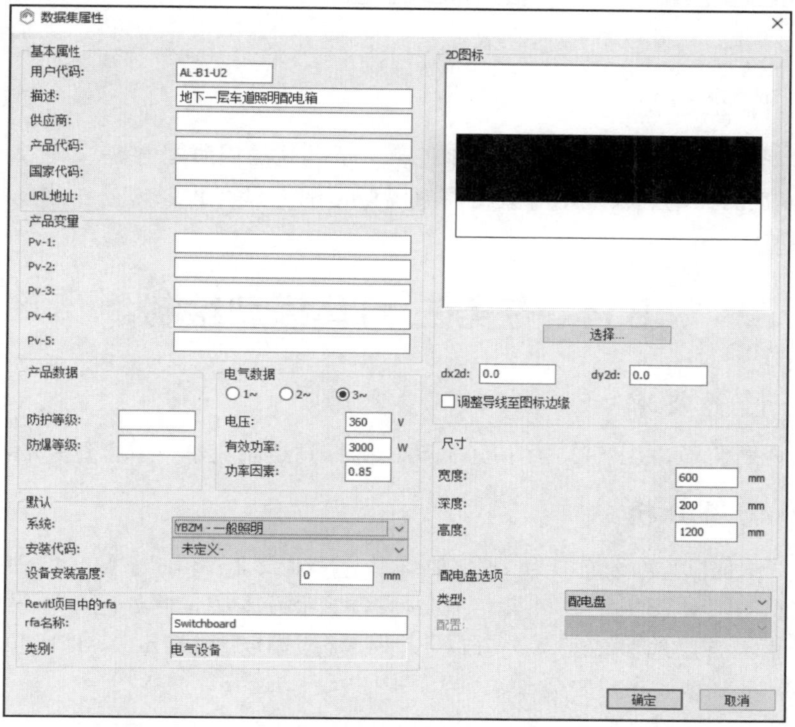

图 6.3.6

图 6.3.7

图 6.3.8

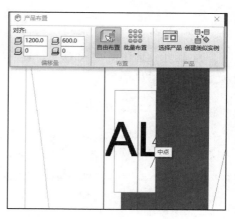

图 6.3.9

【注意】 在绘制界面配电箱的图示尺寸会变大，此时不需理会，点击应用确认后，配电箱会恢复到实际设置的尺寸，如图6.3.11所示。

图 6.3.10

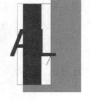

6.3.11

6.3.4 作业与思考

1）作业：根据课堂时间及要求，绘制地下一层其他的照明配电盘。

2）思考：推测在电气系统中哪些构件的模型与配电盘有相似之处？这些构件的模型绘制应该是怎样的？

6.4 任务三 灯具模型绘制

6.4.1 任务要求

根据图纸资料将 AL-B1-U2 中的 E1 回路中的灯具绘制完毕，掌握灯具的绘制方法。

6.4.2 任务分析

AL-B1-U2 中的 E1 回路范围为 4～5 轴与 G～N 轴及 3～8 轴与 M～N 轴范围内，回路上为单管荧光灯，具体图例见图 6.4.1。安装方式为吸顶安装，此处地下一层层高为 4.5m，即地下一层地面至首层地面高度为 4.5m，设一层楼板厚度为 150mm，即吸顶安装的灯具距地面 4.35m(4.5m－0.15m) 安装。

编号	图例	规格	说明	适用范围
1	⊢——⊣	1×35W	T5单管荧光灯，配电子镇流器，功率因数不小于0.95	走廊、机房

图 6.4.1

绘制灯具选用的功能为【安装产品】功能，根据图纸说明或设计要求设定相应参数后将模型建立到项目中。

6.4.3 任务实施

接着任务二的工作继续绘制，再次确保链接进入的 CAD 图处于 B1 楼层，点击功能区中"MagiCAD 电气"模块下的安装产品（图 6.4.2），启动产品选择对话框。

图 6.4.2

在产品选择对话框中，选择【电气】模块下的【照明设备】类别（图 6.4.3）。

在空白区域点击鼠标右键，选择【新建…】，打开"数据集属性"对话框，在该对话框中输入灯具相关信息，首先在【产品库浏览…】（图 6.4.4）中选择"Generic China"下的

"室内照明"中的"单管日光灯"（图 6.4.5）后点击右下角选择。

之后在 2D 图片中选择单管日光灯的二维图标（图 6.4.6）。

图 6.4.3

图 6.4.4

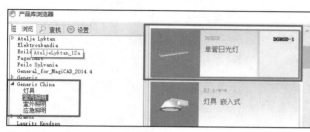

图 6.4.5

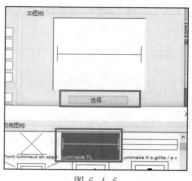

图 6.4.6

最后设置好常规属性、电气数据及系统、敷设方式后（图 6.4.7），点击完成单管日光灯产品的建立（图 6.4.8）。

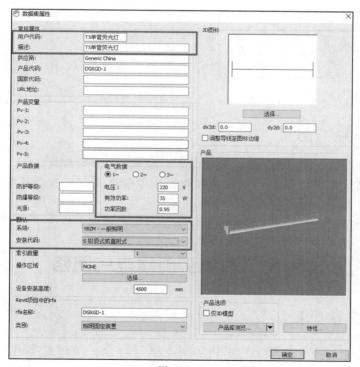

图 6.4.7

图 6.4.8

再次点击"确定"按钮，退出选择产品选择对话框，选择刚才设置的 T5 单管荧光灯（图 6.4.8），点击右下角确定后进行配电箱模型的绘制。

灯具绘制方式可以是自由布置、也可以是按照一定规则进行批量布置，其中批量布置更适合进行正向设计时使用。本案例使用自由布置，按照底图的位置绘制灯具，在左上角确认（或设置）好灯具的高度后（图 6.4.9），在平面视图中单击选择布置位置，灯具默认方向为 x 方向。如图 6.4.10 所示，左侧为绘制灯具，右侧没有绘制灯具只显示底图图标。本案例中回路北侧灯具需改变角度（若需要翻转 $90°$，在绘制纵向灯具之前单击键盘上的"空格"键即可进行旋转），绘制完毕本回路上所有灯具后点击【应用】完成灯具的绘制（图 6.4.11）。灯具绘制好后的效果如图 6.4.12 所示。

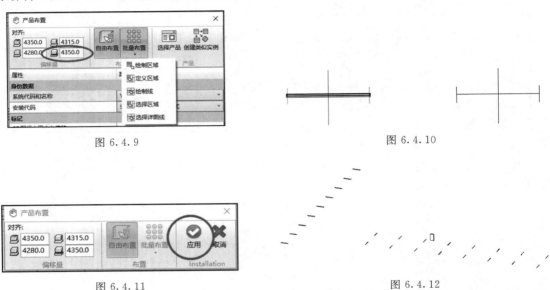

图 6.4.9

图 6.4.10

图 6.4.11

图 6.4.12

6.4.4 作业与思考

1）作业：根据课堂时间及要求，绘制地下一层其他的照明灯具。

2）思考：其他种类灯具的绘制方式和本例中单管荧光灯绘制方式是否一样？该如何操作？

3）思考：除了灯具，开关、插座的绘制方式与灯具是否类似？

6.5 任务四 创建电气回路

6.5.1 任务要求

根据平面图及系统，创建 AL-B1-U2：E1 电气回路，掌握绘制电气回路的流程及功能。

6.5.2 任务分析

用了配电箱及用电设备后，用电设备与配电箱就可以形成逻辑回路，同时可以依据逻辑回路自动生成导线。

但要注意，由于导线线条小、连接多，只能够在平面视图中显示，在三维视图中无法看到导线的三维模型。

配电箱模型绘制之后，需要对配电箱定义配电系统软件才能够识别，设备（灯具）之间的连接通过建立电力系统进行自动关联。

6.5.3　任务实施

制定配电箱配电系统：选择已布置的配电箱 AL-B2-U2，点击左上角的修改框，将配电系统修改为"220/380Wye"如图 6.5.1 所示。

选择回路设备：通过框选、点选过滤器等方式选择与该配电箱形成一个回路的设备，本案例中为 E2 回路所有灯具。点选所有灯具后，在上下文选项卡中选择创建电力系统，如图 6.5.2 所示。在接下来的功能中选择"面板"下拉列表，选择其中需要连接的配电箱（图 6.5.3）。

【注意】 当楼层中配电箱较多时，需要分辨出所选回路对应的配电箱，不要误选。

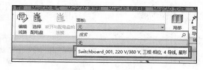

图 6.5.1　　　　　　　　　图 6.5.2　　　　　　　　　图 6.5.3

选择配电箱后，效果如图 6.5.4 所示，该回路内设备会形成虚线连接，同时会有箭头指向选择的配电箱。

此时可以直接单击工具栏中的转换为导线命令（图 6.5.5），将灯具之间连接的虚线转化为实际的导线，其中两种导线的表现形式对比见图 6.5.6（上图为弧形、下图为带倒角），本案例中选择转换为"带倒角导线"。

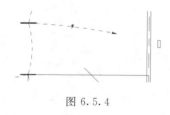

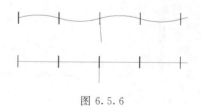

图 6.5.4　　　　　　　　　图 6.5.5　　　　　　　　　图 6.5.6

设定导线规格：选择转换为导线后，转换成的导线规格是默认的，需要点击属性中的导线类型，将导线选择为本案例中要求的 BV 导线，如图 6.5.7 所示，即完成电气回路的创建。

【备注】 如在本任务1）步骤选择配电箱后，配电系统下拉列表为空（图 6.5.8），原因是配电盘电压与软件电气设置中的配电系统中的电压不匹配。

此时需要先确认配电箱的电压设定是否准确，如果不准确则修改后再次选择配电系统。

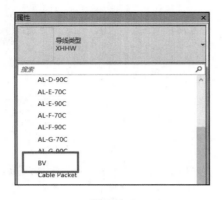

图 6.5.7

图 6.5.8

如果已经确定配电箱电压设置无误，则在未选定构件的情况下英文输入法下输入"ES"，打开电气设置，在电气设置中的"配电系统"标签中有当前项目内置的配电系统如图 6.5.9 所示。

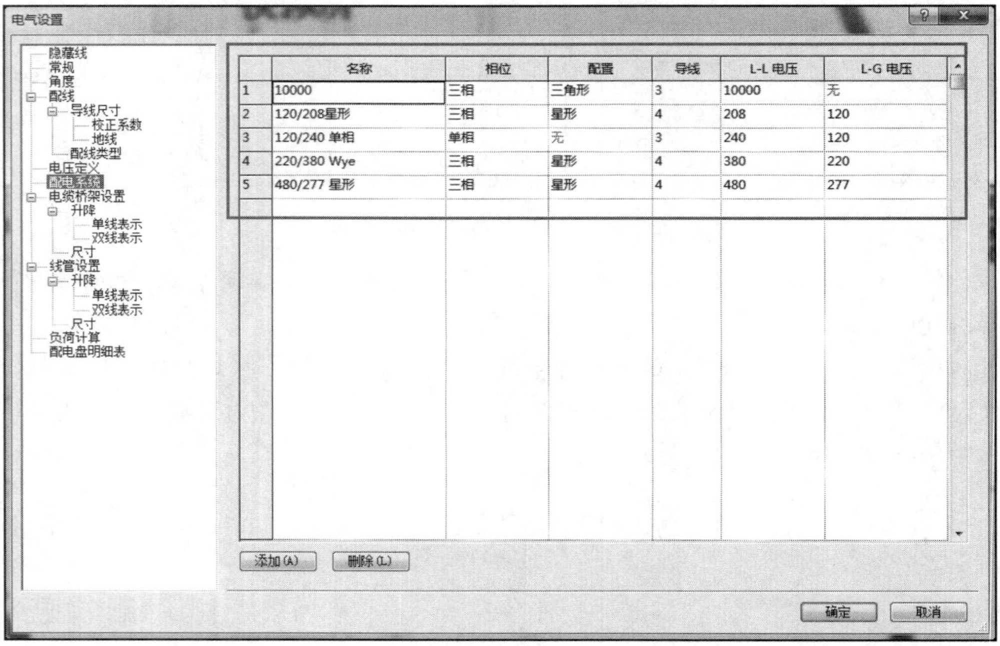

	名称	相位	配置	导线	L-L 电压	L-G 电压
1	10000	三相	三角形	3	10000	无
2	120/208 星形	三相	星形	4	208	120
3	120/240 单相	单相	无	3	240	120
4	220/380 Wye	三相	星形	4	380	220
5	480/277 星形	三相	星形	4	480	277

图 6.5.9

此时可以通过下方【添加】功能，根据要求添加新的配电系统，注意其中的相位、L-L电压与L-G电压数值要与配电箱"数据集属性"中的"电气数据"部分对应（图 6.5.10）。

电气信息对应成功后，点选配电箱，即可对应相应的配电系统。

6.5.4 作业与思考

1）作业：将地下一层照明系统增加回路，并配置导线。

2）思考：软件自动配置的导线线路是否合理？如果不合理该如何修改？

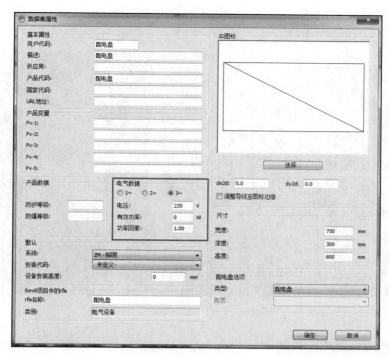

图 6.5.10

6.6 任务五 桥架模型绘制

6.6.1 任务要求

绘制地下一层照明系统 2～7 轴与 D～F 轴之间的桥架绘制，掌握桥架绘制的流程及操作。

6.6.2 任务分析

阅读地下一层平面图可知，任务要求范围的桥架如图 6.6.1 所示，桥架规格为 100mm×100mm，桥架地面距地 3.20m（图 6.6.2）。桥架包括 3 个弯折及 1 个 T 形分支。

在软件中进行桥架（线槽）等绘制的工具是【电缆桥架】，需要注意系统的选择、规格的设定、产品需要选择带附件的桥架。

6.6.3 任务实施

进入 B1 平面视图，选择 MagiCAD 电气模块，点击"电缆桥架"功能，如图 6.6.3 所示，进入电缆桥架对话框。

在"电缆桥架"对话框中首先选择对应的系统为"一般照明"，再选择"电缆桥架"产品为"带配件的电缆桥架（默认）"，接着设定桥架规格为宽度 300mm，高度 100mm，最后设定桥架的底标高具体 3200mm，设定好后点击右下角确定按钮（图 6.6.4）返回绘图界面进行桥架绘制。

【注意】 若电缆桥架类型选择了"无配件"，则绘制桥架时无法进行转弯及支路自动生成。

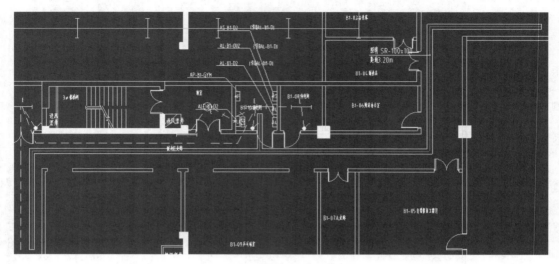

图 6.6.1

图 6.6.2

图 6.6.3

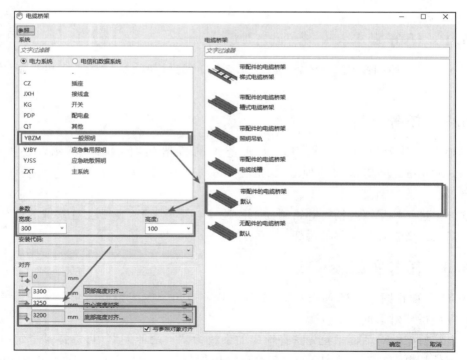

图 6.6.4

绘制桥架：鼠标此时为准星图案，通过鼠标滚轮放大缩小、平移等操作将视图移动到桥架的一个端点（本例中绘制顺序从左至右），捕捉端点后单击鼠标左键确定桥架的起点（图6.6.5）。

此时鼠标控制桥架走向（图6.6.6），配合鼠标滚轮将视图移动到第一段弯折处，在CAD底图桥架弯折处单击鼠标左键（图6.6.7），再将鼠标向右移动（图6.6.8），用同样方式点选剩下两处弯折，最后点击桥架末端（图6.6.9），绘制完毕后按键盘上ESC键完成绘制，或单击鼠标右键选择"取消"完成本段绘制（此时鼠标依旧为准星图案）。

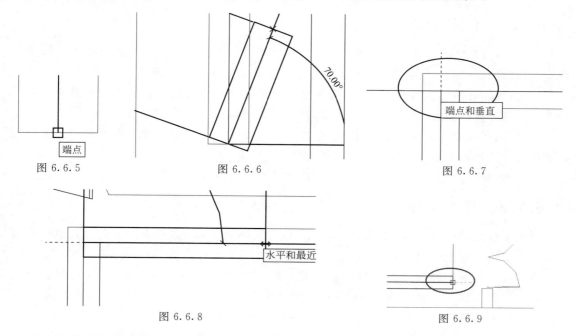

图 6.6.5　　　　　　　图 6.6.6　　　　　　　图 6.6.7

图 6.6.8　　　　　　　　　　　图 6.6.9

移动视图到B1-10强电间处，点击此处支路CAD图与刚才绘制的桥架相连处（图6.6.10），再点击支路末端，完成支路桥架的绘制，支路桥架最终效果如图6.6.11所示，自动生成桥架水平三通。本段桥架最终效果如图6.6.12所示（着色模式）。

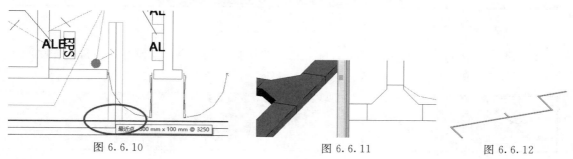

图 6.6.10　　　　　　　图 6.6.11　　　　　　　图 6.6.12

6.6.4　作业与思考

1）作业：完成地下一层照明平面图中所有桥架的绘制。

2）思考：尝试利用"无配件"的桥架（线槽）绘制案例中的桥架，看看会有什么不同？

3）思考：竖向的桥架立管该如何绘制，通过修改哪个属性能够实现桥架竖向的变化？

6.7 任务六 接线盒绘制

6.7.1 任务要求

在地下一层回路 AL-B1-U2：E1 中每个灯上方绘制一个接线盒。

6.7.2 任务分析

1）吸顶或悬挂的灯具通过接线盒引出的导线进行连接，所以灯具上方会有一个接线盒埋设在顶棚内，接线盒的底面与楼板下底平齐，接线盒之间通过导管连接。

2）接线盒有两种绘制方式，一种是横向用于吸顶灯、悬挂灯等；另一种是纵向，用于开关、插座等构件。在绘制时要注意根据构件不同选择正确方向的接线盒。

3）横向接线盒一般敷设在顶棚内，基准面已经属于上一楼层平面，在绘制和查看时均需要进行设定，否则容易出现绘制错误及查看不到的情况。

4）接线盒的除了以上几点外，建立和绘制的方式同灯具、配电箱类似。

6.7.3 任务实施

在地下一层平面视图中，选择 MagiCAD 电气模块下的"安装产品"功能，在电气模块下切换到接线盒分类（图 6.7.1）。

在产品对话框中有两个常用接线盒，其中矩形接线盒为本工程要求的 86 接线盒（图 6.7.2）。但要注意，此时产品选择对话框下方"属性"中"族主体类型"为"基于层"，采用此种接线盒绘制时接线盒为纵向，与本例不符（图 6.7.3）。

图 6.7.1

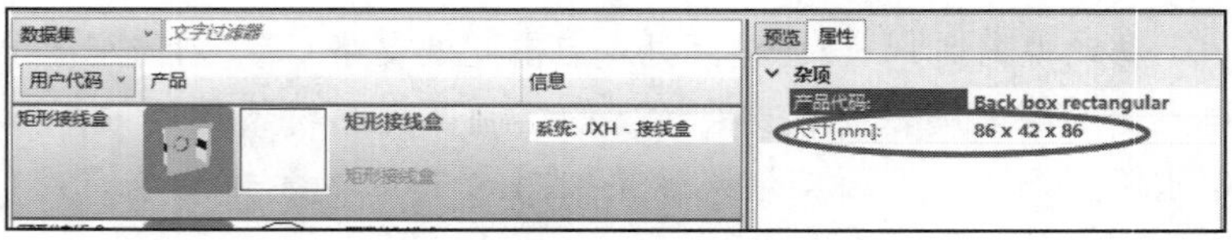

图 6.7.2

在原有的"矩形接线盒"上单击右键，选择"复制…"功能，以原有接线盒为基础，新建一个接线盒（图 6.7.4）。

图 6.7.3

图 6.7.4

图 6.7.5

在"数据集属性"中设置左下方"Revit 项目中的 rfa"中 rfa 名称即可（图 6.7.5），修改好后单击确定。

返回到产品选择后，将下方的"族主体类型"修改为"基于面"如图 6.7.6 所示，点击确定返回绘图界面。本案例中的接线盒布置方式采用"放置在工作平面上"（图 6.7.7），但如果直接到相应位置，此时接线盒会放到地下一层底面的工作平面，而非相应高度。

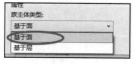

图 6.7.6　　　　　　　　　　　　　　　　　图 6.7.7

此时先取消绘制，本案例中地下一层层高 4.5m，一层（和地下一层之间）楼板厚度为 150mm，接线盒高度为 42mm，若要接线盒安装刚好在地下一层顶板下边缘，则需要建立距离地下一层地面高度为（4500mm−150mm）的工作平面。切换"立面：东"视图（图 6.7.8），到"建筑"模块，选择"（绘制）参照平面"（图 6.7.9），绘制一个工作平面，并将工作平面距离 B1 底面的高设为 4350mm，重命名为"接线盒平面"（图 6.7.10）。

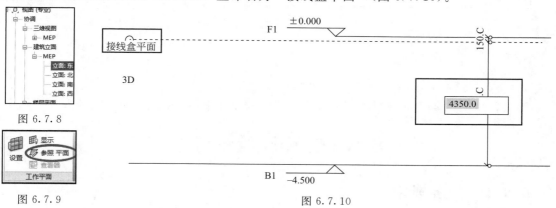

图 6.7.8　　　　　　　　　　　　　　　　图 6.7.10

图 6.7.9

设置成功后，返回【建筑】模块，选择设置（工作平面）（图 6.7.11），将工作平面设置为刚刚新建的"接线盒平面"（图 6.7.12）。由于当前为里面视图，选择平面工作平面时，软件用户转到平面视图，在"转到视图"对话框中选择 B1-协调平面，并打开视图（图 6.7.13）。

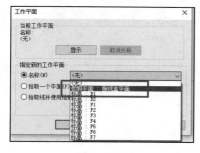

图 6.7.11

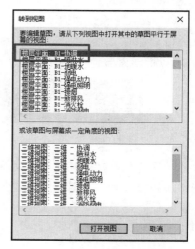

图 6.7.12　　　　　　　　　　　　　图 6.7.13

此时再次启动安装产品—绘制接线盒，将接线盒放置在灯管中部位置点击鼠标左键确认（绘制一个即可）（图 6.7.14）。

切换到三维视图，查看绘制的接线盒和灯具，发现接线盒和灯具是重合状态（图 6.7.15），此时原因为接线盒方向上下颠倒，点击接线盒，选择接线盒旁边的 （翻转工作平面）按钮，即可纠正过来，最终效果如图 6.7.16 所示。

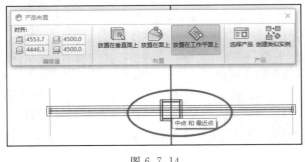

图 6.7.14

图 6.7.15

图 6.7.16

6.7.4　作业与思考

1）作业：绘制完成回路 AL-B1-U2 中左右灯具的接线盒。

2）思考：多个灯具的接线盒是否需要分别翻转工作平面，有没有更快捷的方式？

6.8　任务七 绘制导管

6.8.1　任务要求

将地下一层回路 AL-B1-U2：E1 中每个灯上方的接线盒，用导管进行连接，并将导管连接到 G～M 轴之间的桥架上（该段桥架为任务四的课后作业）。

6.8.2　任务分析

根据 AL-B1-U2 系统图表示，E1 回路使用的导管为 SC 即焊接钢管，管径为 15mm，敷设方式为顶板内暗敷（图 6.8.1），根据任务五中接线盒高度为 4350mm，且接线盒构件高为 42mm，可以推断出导管中心的标高为 4350＋20＝4370mm，即导管的距地高度为 4370mm。

WDZ-3x2.5-SR/SC15-CC　　　　　　　E1　　　车道照明
0.9kW

图 6.8.1

软件中导管的画法与桥架类似，区别是自带的项目样板中没有管材为焊接钢管的导管，需要先添加相应管材的导管后进行绘制。

导管的设定与绘制与桥架类似，两者的内容可以互为补充，互为参考。

6.8.3　任务实施

在项目浏览器—族结构下，找到"线管结构"如图 6.8.2 所示，此处显示的当前项目中已经存在的线管。在其中一个线管上单击右键，选择"复制"（图 6.8.3），新生成一个线管，在新线管上单击右键选择"重命名"，将名称修改为"SC线管"如图 6.8.4 所示。

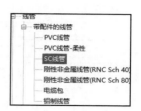

图 6.8.2　　　　　　　　　　　　　图 6.8.3　　　　　　　　　　图 6.8.4

双击新建的 SC 线管，在"类型属性"对话框中修改标准为 IMC，修改管件弯头为"线管弯头-钢：标准"（图 6.8.5）。之后单击确定完成修改。

在 MagiCAD 电气模块中启动导管命令如图 6.8.6 所示，在导管对话框中对导管内容进行设置，具体设置内容见图 6.8.7，设置完毕后单击确定，返回绘图界面进行导管绘制。

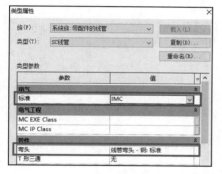

图 6.8.5　　　　　　　　　　　　　　　　　　图 6.8.6

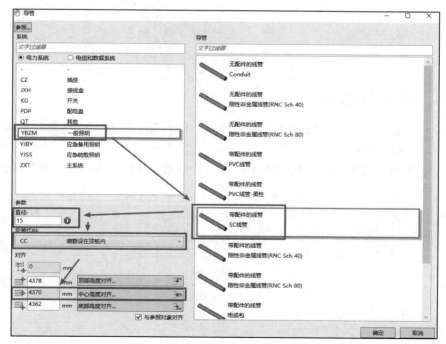

图 6.8.7

点击已有接线盒侧壁，设定导管起点，然后根据图纸连接到下一个接线盒中心，如图6.8.8所示。最终效果如图6.8.9所示。

图6.8.8　　　　　　　　　　　　　　　图6.8.9

与桥架相连：按上文方法，从图纸所示连接桥架的接线盒处绘制导管，移动到桥架侧壁后，点击鼠标左键确认（图6.8.10）。此时导管自动与桥架相连生成立管（图6.8.11）。

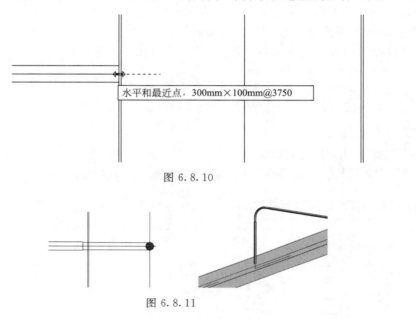

水平和最近点，300mm×100mm@3750

图6.8.10

图6.8.11

6.8.4　作业与思考

1）作业：根据图纸要求，完成下一层回路 AL-B1-U2：E1 灯具接线盒的连接，并将导管连接到 G～M 轴之间的桥架上。

2）思考：导管的绘制过程与桥架有哪些不同，桥架部分如果需要新增桥架该如何操作？

第7章

管线支吊架BIM模型创建

 问题导入

1. 通过软件能实现哪些类型的支吊架设计及模型建立？已经绘制的支吊架该如何编辑？
2. 如何检验支吊架的荷载及输出计算书？如何输出其他格式的文件供加工统计使用？

 本章内容框架

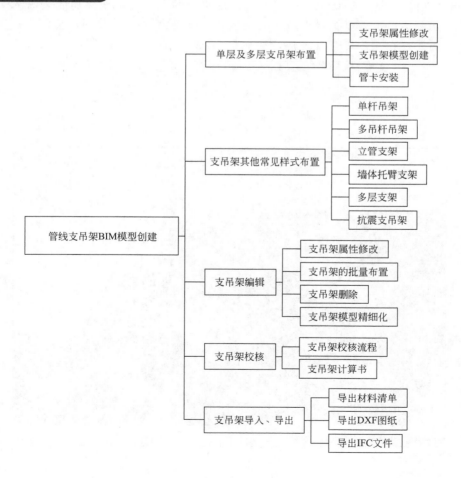

7.1 任务一 单层及多层支吊架布置

7.1.1 任务要求

1）根据建立好的 B2 层机电模型，布置 7～9 轴的消防水管的单层支吊架，并在支吊架上添加管卡，掌握单层支吊架及管卡的布置步骤与功能。

2）在管线密集处：7～9 轴交 E～H 轴范围内布置综合支吊架，掌握综合支吊架功能的操作步骤及相关参数设置。

7.1.2 任务分析

1）B2 层 7～9 轴区域主要包含给排水管道、消火栓管道、喷淋管道、送风管道等。对管线较少的区域布置单层支吊架。

2）按照设计及施工要求，在管线密集处布置综合支吊架。根据项目中消火栓管道、喷淋管道、风管等管道的具体位置布置综合支吊架。

3）布置支吊架需要用到【MagiCAD 支吊架】模块中的"单层吊架"及"综合支吊架"功能，需要掌握这两个功能的正确用法及操作流程。

7.1.3 任务实施

1）选择功能：单击【MagiCAD 支吊架】模块中的"单层吊架"功能（图 7.1.1），并根据软件提示鼠标单击需要布置支吊架的位置及具体管道（图 7.1.2）。选择完成需要布置支吊架的管道后，在左上角的选项卡中选择【完成】（图 7.1.3），完成管道的选择。

图 7.1.1

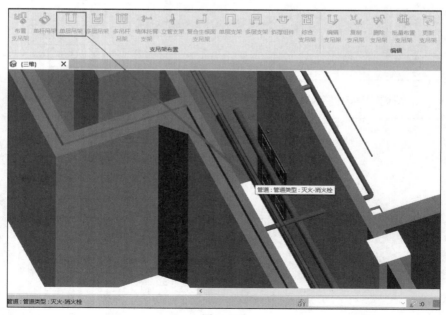

图 7.1.2

2）设置支吊架参数：在打开的支吊架安装设置界面，利用过滤器选择"通用"支吊架。选择吊杆型钢类型为不等边角钢，横担型钢类型为槽钢（图7.1.4）。接着调整支吊架的位置参数、几何参数等属性，并选择吊杆和横担的型钢规格（图7.1.5）。设置好所有参数后，单击【确定】完成所选管道一个吊架模型的创建（图7.1.6），此处对具体设置不做具体要求，读者可以尝试选择不同参数布置支吊架，查看彼此之间的区别。

图7.1.3

图7.1.4

图7.1.5

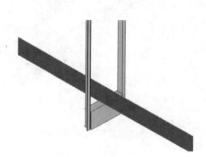

图7.1.6

3）添加单管管卡：选择"综合支吊架"功能，接着先选择需要设定的单个支吊架实例（图7.1.5的吊架）后选择需要添加管卡的管道（单根），并点击如图7.1.3所示的"完成"按钮。在"支吊架安装设置"界面过滤器中，将吊杆及横担型钢类型均选择"无"（图7.1.7），则对话框自动过滤出管卡，选择P型圆管管卡，并点击"确定"（图7.1.8），完成绘制后效果如图7.1.9所示。

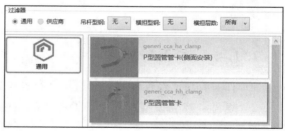

图7.1.7

图7.1.8

4）添加多管管卡：若吊架上管道不止一根需要布置管卡（图7.1.10），此时需要先进行3）操作，达到图7.1.11的效果，接着对另一根管道同样采用3）中的步骤，即可完成多管道管卡模型的创建（图7.1.12）。

图7.1.9　　　　　　　图7.1.10　　　　　　　图7.1.11

5）布置多层吊架：当在管线较多有高度分层时（图 7.1.13 水管道上方有通风管道），宜采用多层吊架的功能进行布设，并增设管卡（布置管卡也属于综合支吊架范畴）。选择功能为【多层吊架】（图 7.1.14），之后选择需要布置多层吊架的管道并单击完成（本例中选择风管及两个水管，选择过程图略），在出现的"支吊架安装设置"对话框中即为多层管道的预览画面（图 7.1.15），具体设置相关属性后点击确定即完成多层吊架的模型绘制。此时采用 3）、4）同样的方式，将多个管道的管卡绘制完整，最终效果如图 7.1.16 所示。

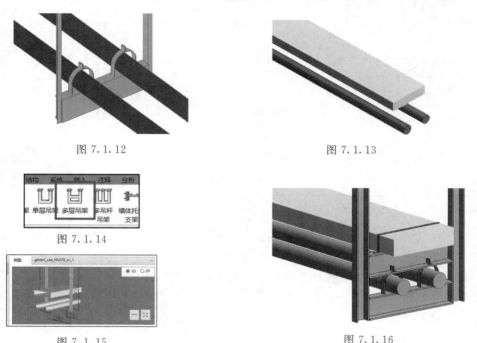

图 7.1.12　　　　　　　　　　　　图 7.1.13

图 7.1.14

图 7.1.15　　　　　　　　　　　　图 7.1.16

7.1.4　作业与思考

1）作业：对已经绘制好的管道模型布置支吊架，并增加适当的管卡（桥架、线槽除外）。

2）思考：建立模型过程中，支吊架的规格参数、组件规格选用和哪些因素有关？

7.2　任务二 支吊架其他常见样式布置

7.2.1　任务要求

根据任务实施中的说明，尝试布置不同样式的支吊架类型，掌握各类支吊架类型适用的情况，以及布置不同支吊架类型所使用的功能及具体流程。

7.2.2　任务分析

【MagiCAD 支吊架】模块下的"支吊架布置"中不仅有任务一中的单层及多层吊架，还有诸如单杆吊架、多吊杆吊架、立管支架等多种支吊架形式，虽然支吊架的形式多样，但具体的使用功能及操作流程非常相似，不再逐一详细介绍，本任务需要读者根据任务实施中的说明，尝试绘制其他常见样式的支吊架，对于同种支吊架可以通过修改参数来查看不同属性参数下支吊架的样式有何变化，对于不同种类的支吊架，读者需要思考不同类型的应用场景有何区别。

7.2.3 任务实施

1）布置单杆吊架：单击"单杆吊架"（图7.2.1），点选要布置吊架的点位，选择管道后点击"完成"，在跳转的"支吊架安装设置"界面选择吊杆型钢类型，并设置支吊架外形参数，点击"确定"即可完成单杆吊架的模型创建（图7.2.2）。

2）布置多吊杆吊架：单击"多吊杆吊架"（图略），点选要布置支吊架的点位，选择管道后点击"完成"，在跳转的"支吊架安装设置"界面选择吊杆及横担型钢类型，并设置支吊架外形参数，点击"确定"。采用任务一中3）、4）步骤增加管卡，最终效果如图7.2.3所示。

图7.2.1

图7.2.2

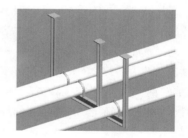

图7.2.3

3）布置墙体托臂支架：单击"墙体托臂支架"，点选要布置支吊架的点位，选择管道后点击"完成"，在跳转的"支吊架安装设置"界面选择吊杆及横担型钢类型，并设置支吊架外形参数，点击"确定"并增加管卡（步骤见任务一）最终效果如图7.2.4所示。

4）布置立管支架：单击"立管支架"，点选要布置支吊架的点位，选择管道后点击"完成"，在跳转的"支吊架安装设置"界面选择吊杆及横担型钢类型，并设置支吊架外形参数，点击"确定"并增加管卡（步骤见任务一），最终效果如图7.2.5所示。

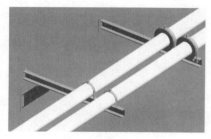

图7.2.4

图7.2.5

5）布置复合生根面支吊架：单击"复合生根面支吊架"，点选要布置支吊架的点位，选择管道后点击"完成"，在跳转的"支吊架安装设置"界面选择吊杆及横担型钢类型，并设置支吊架外形参数，点击"确定"并增加管卡（步骤见任务一），最终效果如图7.2.6所示。

6）布置单层支架：单击"单层支架"，点选要布置支吊架的点位，选择管道后点击"完成"，在跳转的"支吊架安装设置"界面选择吊杆及横担型钢类型，并设置支吊架外形参数，点击"确定"并增加管卡（步骤见任务一），最终效果参考图7.2.7所示。

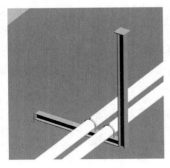

图 7.2.6

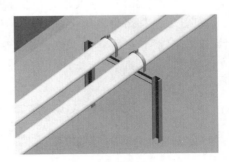

图 7.2.7

7）布置多层支架：单击"多层支架"，点选要布置支吊架的点位，选择管道后点击"完成"，在跳转的"支吊架安装设置"界面选择吊杆及横担型钢类型，并设置支吊架外形参数，点击"确定"并增加管卡（步骤见任务一），最终效果如图7.2.8所示。

8）布置抗震支吊架：单击"单层吊架"，点选要布置支吊架的点位，选择管道后点击"完成"，在跳转的"支吊架安装设置"界面选择支持斜撑组件的厂商支吊架类型，并设置支吊架外形参数，点击"确定"，单击"斜撑组件"，选择适当的斜撑组件后点击"完成"，最终效果如图7.2.9所示。

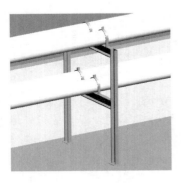

图 7.2.8

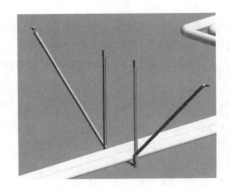

图 7.2.9

7.2.4　作业与思考

1）作业：在已有工程中选择不同部位的管道，布置上述所有种类支吊架。

2）思考：不同种类支吊架应该运用在什么场合？收集在身边发现的案例并分享。

7.3　任务三　支吊架编辑

7.3.1　任务要求

1）对任务一、任务二中布置好的支吊架模型进行编辑、复制、删除。

2）对任务一、任务二中布置好的支吊架进行批量布置。

3）对任务一、任务二中布置好的支吊架进行模型精细化。

7.3.2　任务分析

1）当布置好的支吊架有错误或者有改变需要修改支吊架类型、型钢类型、型钢规格或直接删除相应支吊架时，可以采用"编辑支吊架"和"删除支吊架"功能。

2）当出现某段管线需要安装的支吊架数量较多且支吊架规格相同时，采用传统方式手动逐个布置过于耗费时间。可以采用"复制支吊架"和"批量布置支吊架"功能。将已布置好的支吊架进行批量布置，同时可以设置批量布置的间距。

3）当支吊架方案通过审批，需要向施工人员或项目其他人展示精细化后的支吊架时，采用"支吊架模型精细化"功能可以生成精细化的支吊架模型，用于展示或指导施工，但需要注意的是，精细化后的支吊架不能再次进行编辑、复制等命令。

7.3.3　任务实施

1）编辑支吊架：单击"编辑支吊架"（图7.3.1），接着选择需要编辑修改的支吊架。进入"支吊架编辑"界面，在支吊架编辑界面修改相关属性，本例中修改吊杆型钢类型为"H吊杆"，横担型钢类型为"H吊杆"，型钢规格均为HW100×100×6×8（图7.3.2），单击"确定"后效果如图7.3.3所示。

图7.3.1

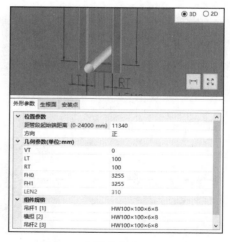

图7.3.2

图7.3.3

2）复制支吊架：单击"复制支吊架"功能（图略）。选择需要复制的单个支吊架，接着在管道上（不一定是同一根管道）选择需要复制支吊架的位置，选择好需要复制的管道后单击左上角的"完成"（图7.3.4）。

3）删除支吊架：单击"删除支吊架"功能（图略）。点选或框选需要删除的支吊架，并点击提示栏"完成"按钮。删除选中的支吊架（图略）。

4）批量布置支吊架：单击"批量布置支吊架"功能，在"沿管线批量布置支吊架"中设置"间距"为 2000mm，"数量"为 10 个，勾选"跨管件阵列"（图 7.3.5）。选择需要批量布置的单个支吊架，并指定支吊架阵列方向即选择的支吊架前方或者后方。软件按照设定规则（支吊架之间间距为 2000mm，布置 10 个）批量布置出 10 个支吊架（图 7.3.6）。

图 7.3.4

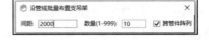

图 7.3.5

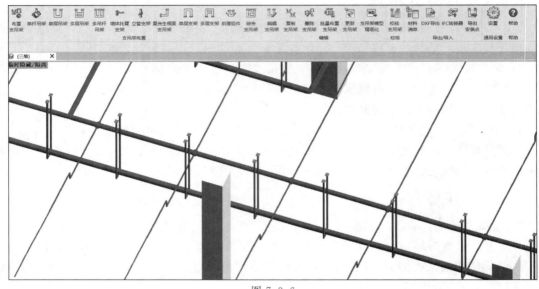

图 7.3.6

5）支吊架模型精细化：单击"支吊架模型精细化"功能，点选或框选需要精细化的支吊架模型，并点击提示栏"完成"按钮（图略）。此时选择精细化模型文件存储地点（因为精细化后的模型不支持再次修改或复制等命令，所以软件会自动为用户"另存为"一份含有精细支吊架模型的 RVT 文件）。

对项目中 3 个支吊架模型进行了精细化，精细化后的支吊架模型细节能够详细展示（图 7.3.7～图 7.3.9）。

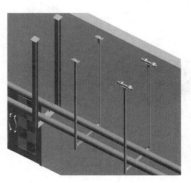

图 7.3.7

图 7.3.8

图 7.3.9

7.3.4　作业与思考

1）作业：结合任务二，布置不同类型的支吊架，利用"复制支吊架"布置多个支吊架，并利用"删除支吊架"删除已经布置的支吊架，根据任务实施中的步骤批量布置支吊架，并生成不少于两个支吊架的精细化模型。

2）思考："删除支吊架"和"Delete"删除支吊架有什么区别。

7.4　任务四 支吊架校核

7.4.1　任务要求

对已经绘制的支吊架模型进行校核，掌握支吊架校核的方法、流程，能够导出支吊架校核报告。

7.4.2　任务分析

支吊架不仅是布置上模型就可以了，还需要对支吊架的荷载进行校核，只有满足计算要求，相应的支吊架方案才能应用到项目中，如果支吊架的荷载不符合计算要求，需要重新进行设计，直到满足荷载要求，才能应用在项目中。

7.4.3　任务实施

1）启动功能：点击"校核支吊架"功能，选择需要校核的支吊架，本例中选择的是综合支吊架（图 7.4.1）。

图 7.4.1

2）检查属性：在"支吊架校核"界面，检查管线的相关属性值是否完整（管道以及管道中介质的密度为必填项）（图7.4.2）。设置好相关参数后，在对话框右侧"校核结果"项目中查看相应的强度、受力、稳定性等计算结果及结论。

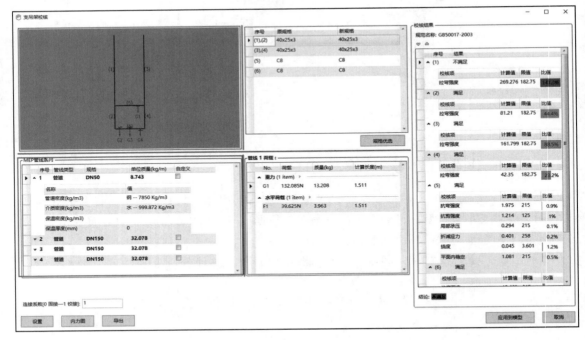

图 7.4.2

3）调整规格：当支吊架校核结论为不满足时，可以手动调整型钢规格，也可以使用"规格优选"自动选择适当的型钢规格（图7.4.3），本案例选择使用"规格优选"

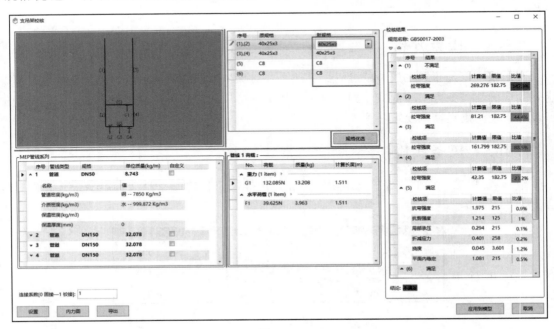

图 7.4.3

（图 7.4.4）。软件自动根据内置的规则和要求配置相关构件的规格，配置完成后，计算部分会达到"合格"状态，点击"应用到模型"按钮，此时更改完的新规格便会自动更新至支吊架模型中（图 7.4.5）。

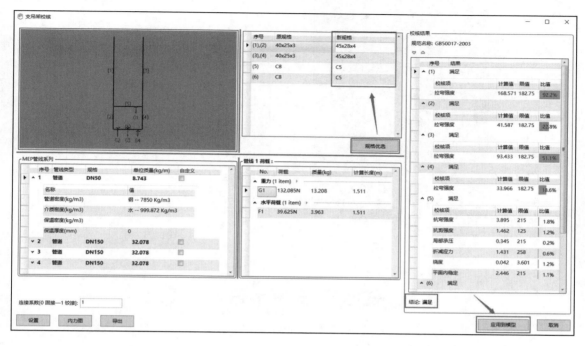

图 7.4.4

4）其他功能：除了校核并更新模型外，读者还可以利用内置的"内力图""导出"等功能进行内力图查看及导出 Excel 格式的计算书（图 7.4.6），如内力图界面为图 7.4.7，导出计算书封面，如图 7.4.8 所示。

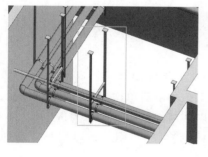

图 7.4.5

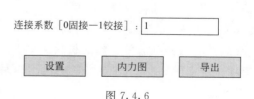

图 7.4.6

7.4.4 作业与思考

1）作业：对自己绘制好的支吊架进行校核，并查看相关内力图分析图，对于不合格的支吊架进行重新设计，直到符合校核要求。

2）思考：规格优选功能比手工修改有哪些优点？又有缺点？

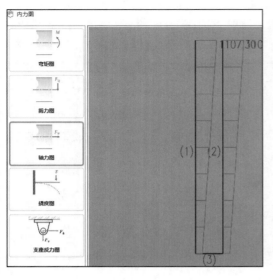

图 7.4.7

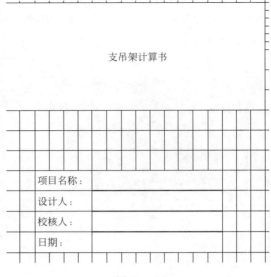

图 7.4.8

7.5　任务五　支吊架导入、导出

7.5.1　任务要求

1）批量统计已经绘制的支吊架材料清单。

2）批量输出支吊架 DXF 格式的二维图纸。

3）对 IFC 格式的管线进行转换，使其能够在 Revit 中布置支吊架。

4）批量导出支吊架安装点。

7.5.2　任务分析

1）在项目中完成支吊架的布置后，使用 MagiCAD 支吊架模块中"材料清单"功能可以快速统计支吊架工程量，方便材料采购及原材料加工。材料清单输出支持三种模板：精细材料清单、汇总材料清单、标准材料清单。本案例中以"精细材料清单"为例。

2）通过支吊架"DXF 导出"功能可以输出 CAD 格式的二维图纸，以指导厂商加工或指导现场施工。

3）IFC 格式的管道模型直接导入 Revit 后无法布置支吊架，通过"IFC 转换器"可以将 IFC 格式管道转化为 Revit 管道，从而达到布置支吊架的目的。

4）"导出安装点"可以批量导出支吊架安装点，将安装点继续导入天宝全站仪等仪器，可以进行施工现场安装点定位。

7.5.3　任务实施

1）输出材料清单：点击支吊架模块下"材料清单"功能，在"材料清单设置"界面选择"材料清单模板"为"精细材料清单","统计范围"为"选择对象","管线类型"为"选择全部",设置完毕后点击"确定"(图7.5.1)。返回建模界面,点选或框选需要输出的支吊架,然后点击"完成"(图略)。在材料清单列表里,可以根据供应商选择查看对应的支吊架材料清单(图7.5.2),也可以将清单导出Excel格式文件(图7.5.3)。

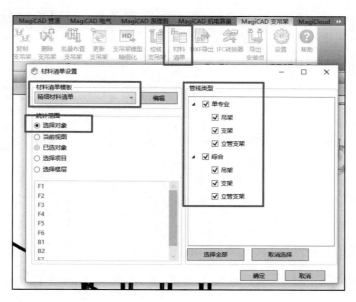

图 7.5.1

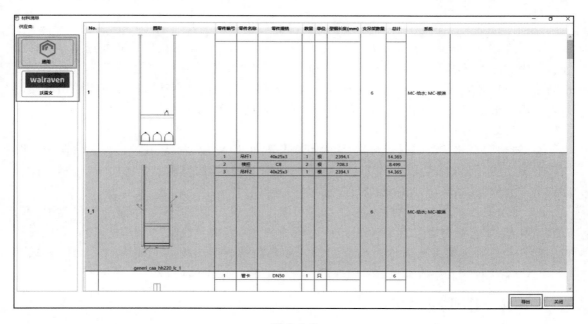

图 7.5.2

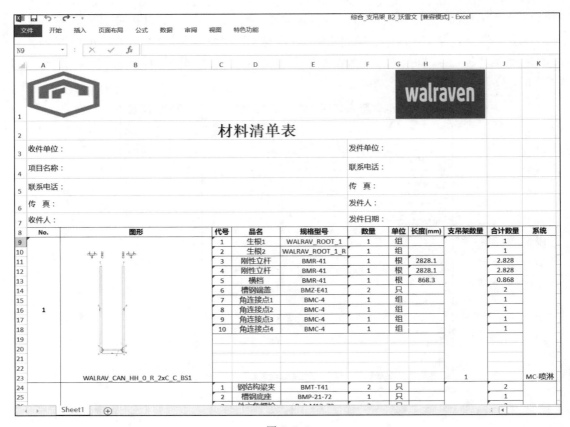

图 7.5.3

2）导出 DXF 格式：点击支吊架模块 "DXF 导出"，在 "出图设置" 界面选择 "材料表模板" 为 "详细材料表"，"范围" 为 "选择对象"，"管线类型" 为 "选择全部"，"视图" 全部勾选，设置完毕后点击 "确定"（图 7.5.4）。返回建模界面，点选或框选需要输出的支吊架，然后点击 "完成"（图略）。选择放置 DXF 文件的位置，利用 CAD 软件打开 DXF 文件后即可查看导出的 CAD 图纸（图 7.5.5）。

3）转化 IFC 格式管线（了解）：导入 IFC 格式的 BIM 模型后，IFC 模型无法应用布置支吊架的功能，此时需要点击 "IFC 转换器"（图 7.5.6），选择需要转换的 IFC 格式管线，并点击 "完成"（图略）。此时再进行布置支吊架即可。

4）导出安装点：点击 "导出安装点" 功能，在 "支吊架选择" 界面选择 "范围" 为 "当前视图"，"管线类型" 为 "选择全部"，设置完毕后点击 "确定"（图 7.5.7），生成安装位置列表（图 7.5.8）。此时通过右下角的【导出】命令导出安装位置文件，文件格式为 CSV（CSV 文件需要导入其他软、硬件进行自动定位，本书不涉及）。

7.5.4　作业与思考

1）作业：采用 "汇总材料清单" 和 "标准材料清单" 模板输出支吊架清单。
2）作业：导出 DXF 文件，并在 CAD 中查看导出的效果。
3）思考：采用 DXF 导出支吊架二维图纸后，比较汇总图纸与详细图纸的区别。

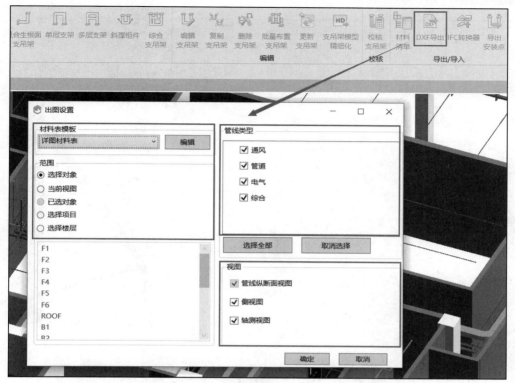

图 7.5.4

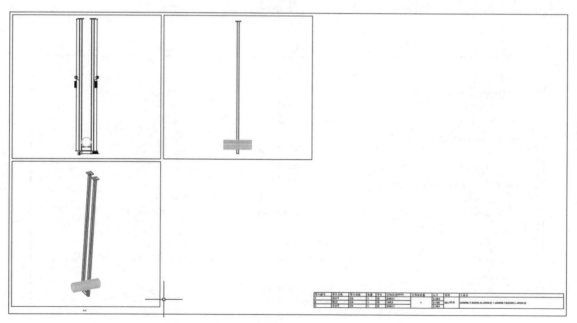

图 7.5.5

图 7.5.6

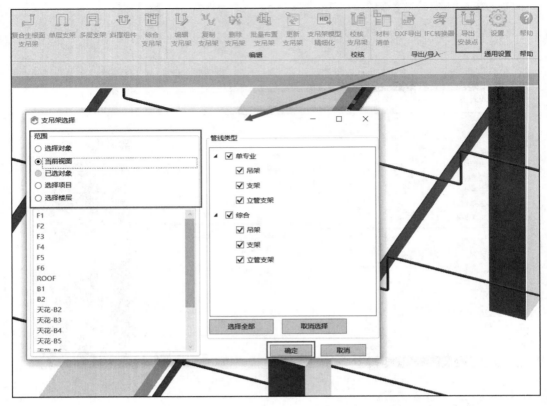

图 7.5.7

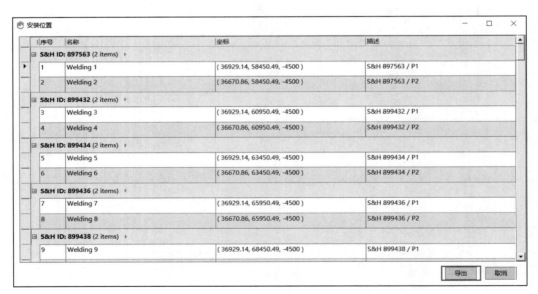

图 7.5.8

第8章

建筑设备BIM工程量计算

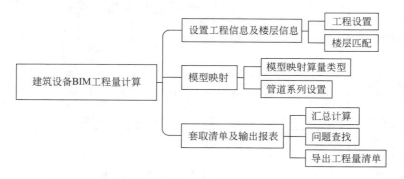

问题导入

1. 在进行工程量统计前需要进行哪些工作？当出现模型与算量类型不匹配时该如何设置？

2. 汇总计算出现问题时如何快速定位问题位置？如何导出工程量清单文件？

本章内容框架

建筑设备BIM工程量计算
- 设置工程信息及楼层信息
  - 工程设置
  - 楼层匹配
- 模型映射
  - 模型映射算量类型
  - 管道系列设置
- 套取清单及输出报表
  - 汇总计算
  - 问题查找
  - 导出工程量清单

8.1 任务一 设置工程信息及楼层信息

8.1.1 任务要求

1）根据任务分析中的要求，正确设置工程信息。

2）根据案例工程楼层范围及高度，正确设置楼层。

8.1.2 任务分析

工程信息中的计算规则需要选择现行的《通用安装工程工程量计算规范》（GB 50856—2013），清单规则选择《工程量清单项目计算规范》，地区根据实际情况选择。

工程信息中的施工/设计/建设单位、编制人/审核人等信息为标注信息，不影响工程量计算结果，可不填写。

　　为了建模方便，在工程建模时会引进多个辅助参照平面进行参照，在进行楼层设置时注意分辨。本工程设计图纸与模型对比发现楼层一致，没有引入参照平面。

8.1.3　任务实施

　　1）设置工程信息。启动功能：打开拟计算工程量的模型工程，切换到【MagiCAD 机电算量】模块，单击【工程信息】命令（图 8.1.1），弹出工程信息对话框（图 8.1.2）。

图 8.1.1

图 8.1.2

　　设置信息：在弹出的"工程信息"对话框中，计算规则选择"GB 50856—2013"，清单规则选择"工程量清单项目计量规范（2013—北京）"（具体名称根据电脑上安装的计价软件版本有所不同），其他属性名称项不影响计算工程量，可根据工程需要进行输入。完成后单击确定。

　　2）设置楼层信息。启动功能：单击【楼层设置】命令（图 8.1.3），弹出"楼层设置"对话框。

图 8.1.3

楼层设置：在楼层设置对话框中，左侧为 Revit 工程标高信息，右侧为算量楼层标高信息，根据工程出量需求可以选中或取消左侧的 Revit 工程标高信息，设置计算结果输出的楼层归属（图 8.1.4）。

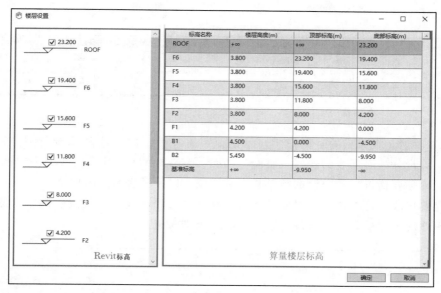

图 8.1.4

本工程模型不存在辅助参照平面，Revit 标高中显示的即为建筑楼层，无需取消勾选，检查楼层对应后单击确定，楼层设置完成。

8.2 任务二 模型映射

8.2.1 任务要求

1）对工程进行模型映射，掌握模型映射的流程及目的。

2）对工程进行管道/风管系列设置，掌握管道系列设置的流程及目的。

8.2.2 任务分析

进行模型映射前，需要清晰工程的各系统组成，进行模型映射的目的是后期按照造价体系输出工程量，以及确认模型中的族（图元）在软件中被识别为正确的专业及分类，确保对应的工程量计算规则正确。

工程实例族大多包括管道、管件（弯头、三通等），将不同类别模型匹配（映射）正确是准确算量的前提和保证。

工程需要计算的基本工程量有管道长度、管件个数、保温、刷油，阀门等内容，在实际工作中由于模型建模深度等原因，模型中需要的算量属性信息可能存在缺失。"管道/风管系列设定"可以批量设置模型算量属性，例如管道材质、连接方式、刷油类型、保温材质、保温厚度、保护材料等。

8.2.3　任务实施

1) 族/类别映射。启动功能：单击【族/类别映射】命令（图 8.2.1），弹出"族/类别映射"对话框。

图 8.2.1

族/类别映射：在弹出的对话框中显示的是，工程模型内的族与算量时需要用的专业、系统类型、算量分类所形成的映射（对应）关系。MagiCAD 算量模块根据内置的映射规则已自动映射，需要检查自动映射的结果是否有错误，以及是否有未映射项。

如有需要修改的地方，双击对应单元格，在下拉选项中找到最接近的内容（图 8.2.2），完成所有专业的设置后，单击【确定】，完成族/类别映射。

图 8.2.2

【注意】　选中显示清单子目列复选框，则在"族/类别映射"对话框中界面增加"清单子目"列内容，该列显示该构件对应的具体清单子目项。

2) 设置管道/风管系列。启动功能：单击【管道/风管系列设置】命令（图 8.2.3），弹出"管道/风管系列设置"对话框。

图 8.2.3

3）设置管道系列：在此管道系列设置中设置在造价算量中关注的属性信息，如连接形式，保温材质、厚度等，根据工程模型中不同专业系统的设计规范要求，不同管径采用的连接形式不同。

例如，$DN80$ 以上采用沟槽连接，$DN80$ 以下采用螺纹连接的操作方式如下：

第一步，原设置所有管径均采用一种连接形式，此时单击本行数据，单击"复制"按钮，此时复制出一行相同内容。

第二步，保持第一行内容的"最小管径"不变，修改"最大管径"为80；保持第二行内容"最大管径"不变，修改"最小管径"为80数据。

此时即将原分类依据管径大小分为两类，根据规范要求分别修改两类管道的各类信息即可（图8.2.4）。

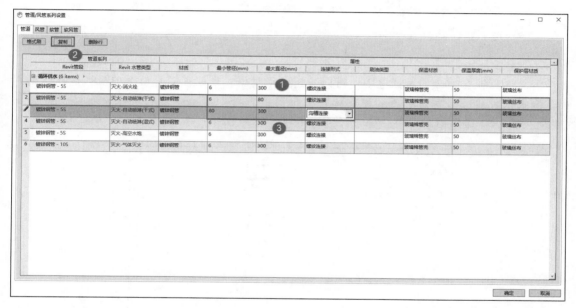

图 8.2.4

【注意】 需要先进行族/类别映射，并单击确定。否则进入管道系列设置时，该对话框内容显示为空。

8.3 任务三 套取清单及输出报表

8.3.1 任务要求

1）掌握从计算工程量、套取清单到输出表格形成工程量清单文件的操作步骤。
2）掌握套取清单的操作方法。
3）掌握设置报表格式的流程及方法。

8.3.2 任务分析

完成了工程信息、楼层等内容设置后，在套取工程量前还需要启动【汇总计算】功能，将之前设置的内容运用到工程量的计算上。

套清单做法前首先确定本工程是否已选择"清单库"，如没有设置需在软件中调整。

套清单做法前，必须进行"汇总计算"操作，汇总后报表显示结果受汇总条件影响。

输出报表前，首先确认需要输出哪些工程量、哪些报表，然后与软件对照，选择需要的报表及设置工程量输出格式。

8.3.3　任务实施

1）汇总计算。启动功能：单击【MagiCAD 机电算量】模块下的【汇总计算】命令（图 8.3.1），弹出"汇总计算"对话框。

图 8.3.1

汇总计算：在弹出的对话框中，可以通过选择对象、当前视图、整个项目、选择标高四种范围指定方式选择需要汇总的模型构件。也可以直接汇总整个项目的全部系统进行计算（图 8.3.2），选择完毕后单击"确定"进行汇总计算。

图 8.3.2

计算完成后，软件会自动弹出"计算结果"（图 8.3.3），告知在计算过程中是否有失败项目，且失败的原因是什么。

【说明】　对于计算失败项目，显示结果样例如图 8.3.4 所示，此时需要单击树状结构的"＋"按钮展开至可以看到 ID 号码的程度，单击 ID 号码，视图自动定位至 Revit 模型中该图元位置并高亮显示，此时查看该图元进行修改等操作。

2）套清单做法。启动功能：单击【清单做法】命令（图 8.3.5），弹出"清单做法"对话框。

套清单做法：在弹出的对话框中（图 8.3.6）对计算的内容进行套用清单操作，具体步骤如图 8.3.6 所示。

第一步：自动套用：单击"自动套用清单"功能（图8.3.7），软件会根据工程信息中设置的清单库自动与图元工程量进行匹配，匹配成功的工程量会有绿色填充。

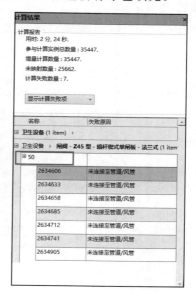

图8.3.3

图8.3.4

图8.3.5

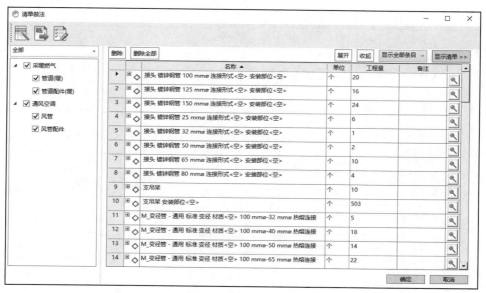

图8.3.6

第二步：显示清单。部分没有自动匹配清单的图元工程量，单击对话框右上角的【显示清单】（图8.3.8），打开清单库的内容结构。

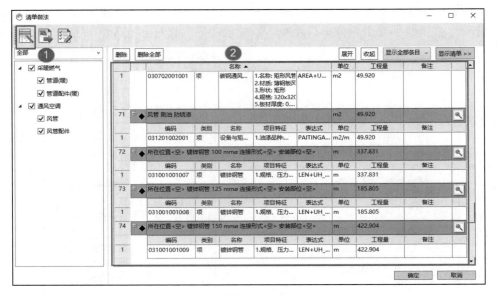

图 8.3.7

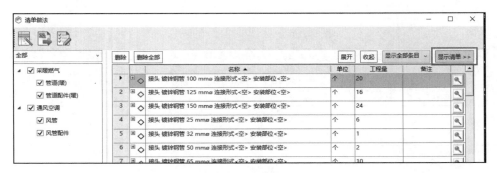

图 8.3.8

第三步：添加清单。将光标放置在需要增加清单的构件的汇总行上，双击右侧需要套取的清单进行添加（图 8.3.9）。

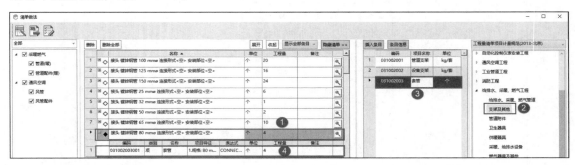

图 8.3.9

第四步：增加项目特征。对于添加了清单的构件，单击"项目特征"单元格后的更多按钮，进入"项目特征"编辑窗体，根据工程实际情况增加项目特征（图 8.3.10）。项目特征内容全部编辑好后，单击"确定"项目特征编辑完成。

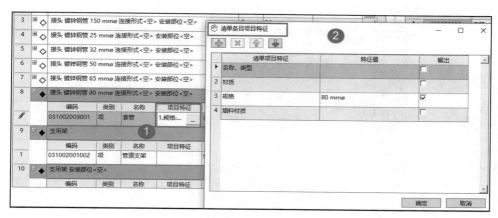

图 8.3.10

3）报表设置。启动功能：单击【报表设置】命令（图 8.3.11），弹出"报表设置"界面。

图 8.3.11

报表设置：在弹出的"报表设置"对话框中（图 8.3.12），最左侧是根据各个汇总组织形式不同区分的报表类别，待后期使用熟练后，可以根据自己需要进行新建和修改。本例将风管中的系统工程量汇总表格系列增加"按楼层汇总"，具体步骤如下。

图 8.3.12

第一步：在【输出格式设定-构件属性】范围内找到并勾选"楼层"，如图 8.3.13 所示。
第二步：将光标移至"优先级"范围框内，选择"系统类型"，表示需要在系统类型下方增加楼层汇总（图 8.3.14）。

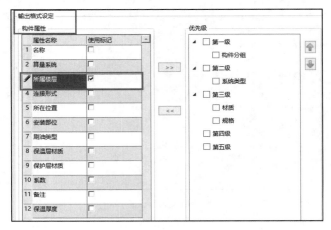

图 8.3.13

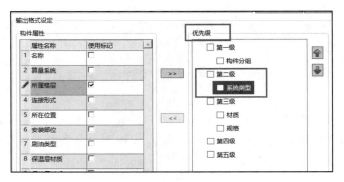

图 8.3.14

第三步：单击"＞＞"（移入）按钮，将楼层属性移入系统类型下（图 8.3.15）。

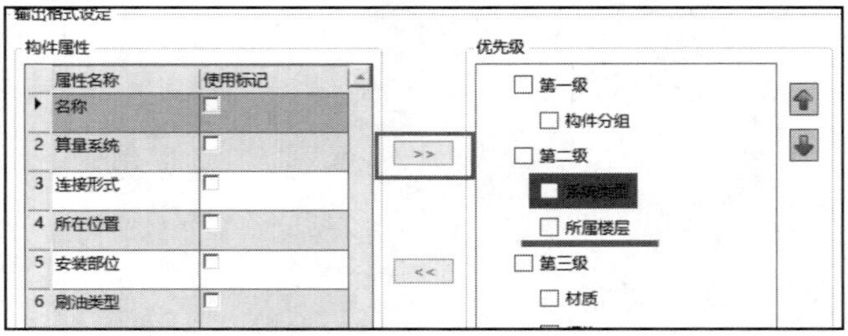

图 8.3.15

第四步：单击"确认"按钮，报表设置完成。

4）生成及导出报表。启动功能：单击【报表】命令（图 8.3.16），弹出"报表"界面。

图 8.3.16

选择在上一步设置过的报表名称，右侧表格自动显示表格预览，此时可以发现，在风管类型下增加了楼层信息（送风 B1），如图 8.3.17 所示。

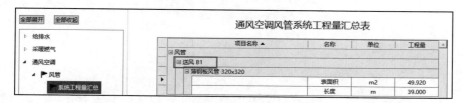

图 8.3.17

报表导出：单击【导出至 Excel】按钮，图 8.3.18 所示，弹出【批量导出】对话框（图8.3.19），选择需要导出的表格后，选择保存路径，完成导出。

图 8.3.18

说明：MagiCAD QS 机电算量 2019 软件基于 Revit 平台开发，支持 Revit2017、2018、2019 三个版本，根据 Revit 机电三维模型软件及软件内置的 GB 50856—2013 国标清单计算规则，可快速统计工程量，从而提高算量效率，将技术模型延展到商务成本内控应用领域。

MagiCAD 机电算量与 GQI 算量软件有以下区别。

1）计算模型来源不同。MagiCAD QS 计算模型来源是 rvt 格式文件，基于 Revit 平台开发，算量软件计算模型来源主要是识别 cad 后的 GQI 文件格式，对于 rvt 格式文件需要导入。

2）应用场景不同。对于施工单位 MagiCAD QS 主要应用于深化设计后的成本内控，为建立目标成本提供数据基线，不建议对外与甲方进行对量。GQI 文件是成本预算人员对外进行投标报量、甲方对量的主要工具。

3）应用阶段不同。MagiCAD QS 致力于应用于施工过程阶段，物料提取、预制加工等，GQI 主要应用于招投标阶段。

4）计算原理、规则两个产品完全一致。

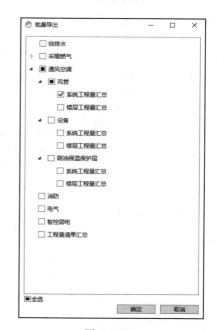

图 8.3.19

第9章

建筑设备工程BIM模型综合应用

 问题导入

1. 碰撞检查需要经过什么步骤？检查出来的结果该如何导出？
2. 预留孔洞的参数都包括什么？设置孔洞的方式有哪几种？
3. 材料统计模板的作用是什么，该如何设置？预制化的分段和统计该如何实现？

本章内容框架

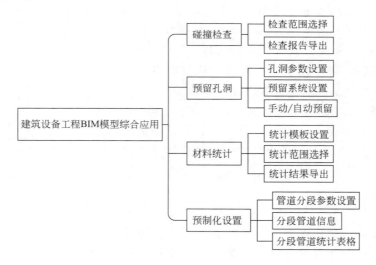

9.1 任务一 碰撞检查

9.1.1 任务要求

通过对建立好的模型进行碰撞检查，掌握检查模型碰撞部位的操作流程及功能，并能够选用正确的方式规避和修改模型碰撞。

9.1.2　任务分析

在建筑工程中，建筑物内的机电管道错综复杂，依据初始设计图纸建立的模型难免出现各种碰撞、交叉、重合等问题，此时需要通过软件的碰撞检查功能，将模型中的碰撞位置查找出来，利用专业知识判断哪些碰撞是重要的、必须要优先规避的，接着通过与业主方、设计方进行沟通修改，不断深化图纸与模型，最终达成方便施工且满足设计要求最优的状态。

9.1.3　任务实施

1）打开需要查找碰撞的模型文件，切换至【协作】模块下，找到【碰撞检查】功能，并单击按钮启动命令，如图9.1.1所示。

2）在【碰撞检查】设置对话框中，设置参与碰撞检查的项目及构件类型，如图9.1.2所示。需要注意的是，在选择时，既可以选择当前项目的模型，也可以选择链接在当前模型内的对象进行碰撞检测。

图9.1.1

此时选择的内容不宜过多，因为所选择的项目越多，占用系统资源越多，花费时间越多，容易出现卡顿、闪退等情况，而且识别出来的众多项目无法一次修改完毕。

3）设定完成后，点击右下角"确定"按钮，进行碰撞检查，此时软件进行碰撞检查并在检查结束后生成碰撞报告，如图9.1.3所示。

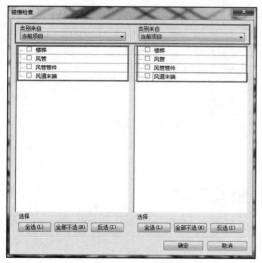

图9.1.2

图9.1.3

通过左下角的其中"显示"可以在模型中定位碰撞位置，如图9.1.4所示。

通过左下角的"导出"命令可以导出碰撞报告，实验报告生成的格式为.html文件，自由选择保存路径和文件名称，双击打开报告文件如图9.1.5所示。

4）根据碰撞情况进行处理，对于机电专业碰撞，小管径的水管相交叉可以忽略或增加过桥弯；对于可以自主翻弯调整的管道，可以使用MagiCAD交叉功能进行调整；如机电与土建模型碰撞需要生成预留孔洞，可以使用MagiCAD预留孔洞功能进行生成并导出孔洞内容；对于大范围无法自行调整的碰撞重合部位，需要联系甲方会同设计院共同商定方案后优化图纸。

图 9.1.4

	A	B
1	风管 : 矩形风管 : 排烟管 - 标记 5013 : ID 888825	喷淋及消火栓-B1.rvt : 管道 : 管道类型 : 灭火-自动喷淋(干式) - 标记 276 : ID 553515
2	风管 : 矩形风管 : 排烟管 - 标记 5616 : ID 953092	喷淋及消火栓-B1.rvt : 管道 : 管道类型 : 灭火-自动喷淋(干式) - 标记 276 : ID 553515
3	风管 : 矩形风管 : 排烟管 - 标记 5616 : ID 953092	喷淋及消火栓-B1.rvt : 管道 : 管道类型 : 灭火-自动喷淋(干式) - 标记 277 : ID 553517
4	风管 : 矩形风管 : 排烟管 - 标记 5007 : ID 888102	喷淋及消火栓-B1.rvt : 管道 : 管道类型 : 灭火-自动喷淋(干式) - 标记 278 : ID 553519
5	风管 : 矩形风管 : 排烟管 - 标记 5616 : ID 953092	喷淋及消火栓-B1.rvt : 管道 : 管道类型 : 灭火-自动喷淋(干式) - 标记 278 : ID 553519
6	风管 : 矩形风管 : 排烟管 - 标记 5007 : ID 888102	喷淋及消火栓-B1.rvt : 管道 : 管道类型 : 灭火-自动喷淋(干式) - 标记 279 : ID 553521
7	风管 : 矩形风管 : 排烟管 - 标记 5627 : ID 955203	喷淋及消火栓-B1.rvt : 管道 : 管道类型 : 灭火-自动喷淋(干式) - 标记 304 : ID 553996
8	风管 : 矩形风管 : 排烟管 - 标记 5625 : ID 954520	喷淋及消火栓-B1.rvt : 管道 : 管道类型 : 灭火-自动喷淋(干式) - 标记 305 : ID 553998
9	风管 : 矩形风管 : 排烟管 - 标记 5005 : ID 888081	喷淋及消火栓-B1.rvt : 管道 : 管道类型 : 灭火-自动喷淋(干式) - 标记 306 : ID 554000
10	风管 : 矩形风管 : 送风管 - 标记 4901 : ID 881351	喷淋及消火栓-B1.rvt : 管道 : 管道类型 : 灭火-自动喷淋(干式) - 标记 399 : ID 555383
11	风管 : 矩形风管 : 新风管 - 标记 5556 : ID 941613	喷淋及消火栓-B1.rvt : 管道 : 管道类型 : 灭火-自动喷淋(干式) - 标记 563 : ID 558804
12	风管 : 矩形风管 : 排烟管 - 标记 5029 : ID 889854	喷淋及消火栓-B1.rvt : 管道 : 管道类型 : 灭火-自动喷淋(干式) - 标记 804 : ID 564349
13	风管 : 矩形风管 : 排烟管 - 标记 5029 : ID 889854	喷淋及消火栓-B1.rvt : 管道 : 管道类型 : 灭火-自动喷淋(干式) - 标记 805 : ID 564378
14	风管 : 矩形风管 : 新风管 - 标记 4947 : ID 883801	喷淋及消火栓-B1.rvt : 管道 : 管道类型 : 灭火-自动喷淋(干式) - 标记 905 : ID 565526
15	风管 : 矩形风管 : 新风管 : ID 1257613	喷淋及消火栓-B1.rvt : 管道 : 管道类型 : 灭火-自动喷淋(干式) - 标记 905 : ID 565526
16	风管 : 矩形风管 : 新风管 - 标记 5650 : ID 959195	喷淋及消火栓-B1.rvt : 管道 : 管道类型 : 灭火-自动喷淋(干式) - 标记 1063 : ID 568415
17	风管 : 矩形风管 : 排烟管 - 标记 5007 : ID 888102	喷淋及消火栓-B1.rvt : 管道 : 管道类型 : 灭火-自动喷淋(干式) - 标记 1144 : ID 570274
18	风管 : 矩形风管 : 排烟管 - 标记 5007 : ID 888102	喷淋及消火栓-B1.rvt : 管道 : 管道类型 : 灭火-自动喷淋(干式) - 标记 1149 : ID 570428
19	风管 : 矩形风管 : 排烟管 - 标记 5005 : ID 888081	喷淋及消火栓-B1.rvt : 管道 : 管道类型 : 灭火-自动喷淋(干式) - 标记 1164 : ID 570789

图 9.1.5

9.2 任务二 预留孔洞

9.2.1 任务要求

以地下 1 层喷淋系统为例，创建预留孔洞模型，掌握预留孔洞操作流程及常用功能。

9.2.2 任务分析

机电专业与土建专业碰撞通常是以预留孔洞的形式处理，以地下 1 层喷淋系统为例进行说明。不同尺寸规格的管道穿越土建构件时孔洞的大小不同，可以将不同孔洞尺寸规则提前定义，从而进行批量开洞。

9.2.3 任务实施

1）打开项目模型"喷淋及消火栓-B1"，并将模型"结构 B1"链接至本项目中，在三维视图中即可看到喷淋部分的模型，又可以看到结构模型，如图9.2.1所示。

2）切换至【MagiCAD通用】模块，打开数据集，修改数据集内的预留孔洞规则，此处规则的含义为孔洞规格相比较于管道尺寸，在长宽（半径）方向上各预留多长尺寸、对于并列孔洞之间的长度是多少，如图9.2.2所示。

3）孔洞规则设置完成后，运行"MagiCAD通用"预留孔洞功能，如图9.2.3、图9.2.4所示。

在此窗体中，可以设置应用范围，同时可以通过"类别过滤器"设置构件对象，如图9.2.5所示。

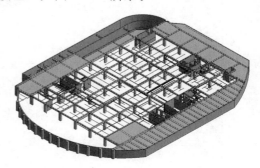

图9.2.1

4）设置完成后，点击完成即可自动按照孔洞预留规则进行孔洞创建，如图9.2.6所示。

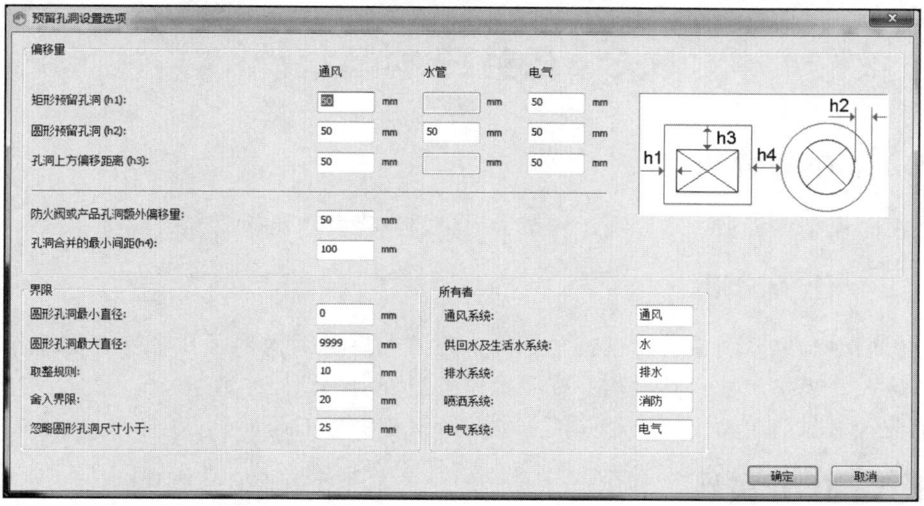

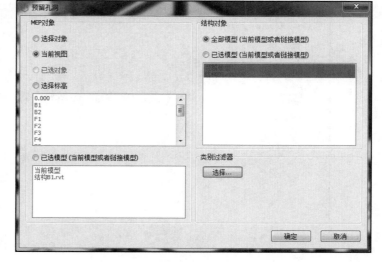

图9.2.2

图9.2.3

图9.2.4

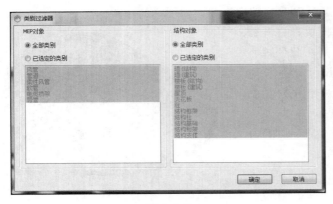

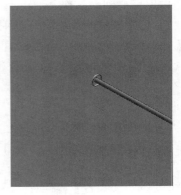

图 9.2.5 图 9.2.6

9.3 任务三 材料统计

9.3.1 任务要求

通过汇总模型工程量，掌握统计模型工程量的流程及功能应用方法。

9.3.2 任务分析

地下1层空调风系统中包含风管、管件、附件、设备等构件，其中管线需按长度统计，同时需明确风管规格尺寸；其他构件按照构建类型分别统计构件数量。

正确配置材料清单输出模板，并汇总空调风系统模型工程量。

9.3.3 任务实施

1）切换选项卡至 MagiCAD 通风，打开"修改数据集-报告模板"，如图 9.3.1 所示。

图 9.3.1

2）可以使用已有报告模板或者新建报告模板，如图 9.3.2 所示。

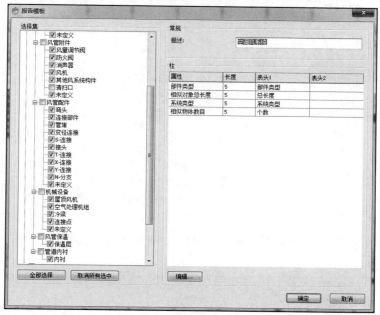

图 9.3.2

在"选择集"中设定此报告模板作用对象，即需统计构件类型。

3）点击"编辑"编辑报表表头，如图 9.3.3 所示。

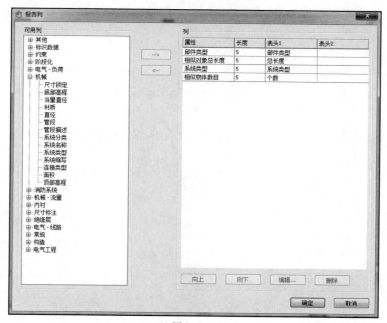

图 9.3.3

从"可用列"选择需统计的参数名称，通过"－－＞"指定到当前模板表头，逐个将需统计参数名称指定到当前模板，完成报告模板定义。

4）切换选项卡至 MagiCAD 通用，点击"材料清单"，如图 9.3.4 所示。

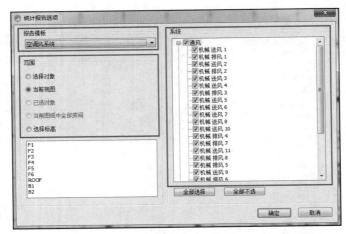

图 9.3.4

指定报告模板，选择对象范围以及选择需统计的系统，点击确定，即可以完成空调风系统模型工程量统计，如图 9.3.5 所示。

部件类型	总长度	系统类型	个数
90度弯头		送风	18
T-连接		排风	16
T-连接		送风	64
T-连接		未定义	2
X-连接		送风	4
变径连接		送风	64
变径连接		排风	9
变径连接		未定义	4
弯头等		送风	2
弯头等		排风	8
矩形风管	23554.66	未定义	10
矩形风管	161328.26	排风	56
矩形风管	318630.79	送风	176
风系统末端		送风	26
风系统末端		未定义	30
风系统末端		排风	4

图 9.3.5

如需将工程量结果在 Excel 显示，可以在"编辑-复制到剪贴板"，将汇总结果粘贴到 Excel，如图 9.3.6 所示。

部件类型	总长度	系统类型	个数
30度弯头		排风	2
30度弯头		送风	4
45度弯头		送风	2
45度弯头		排风	6
90度弯头		未定义	3
90度弯头		排风	10
90度弯头		送风	18
T-连接		排风	16
T-连接		送风	64
T-连接		未定义	2
X-连接		送风	4
变径连接		送风	64
变径连接		排风	9
变径连接		未定义	4
弯头等		送风	2
弯头等		排风	8
矩形风管	23554.66	未定义	10
矩形风管	161328.26	排风	56
矩形风管	318630.79	送风	176
风系统末端		送风	26
风系统末端		未定义	30
风系统末端		排风	4

图 9.3.6

9.4 任务四 预制化设置

9.4.1 任务要求

将工程中的管线进行分段及编号，生成管线预制化模型，为预制化加工与安装提供模型数据。

9.4.2 任务分析

利用【管道分段】命令设置分段规则可以实现自动分段，本案例中对地下一层空调风系统进行管线分段，并对管段进行编号与统计管段材料用量。

9.4.3 任务实施

1) 切换至【MagiCAD 通用】模块，点击"管线分段"命令（图 9.4.1），打开"分段管理器"，分段管理器中左侧是需要分段的范围，当开始练习时可以选择"选择对象"或"已选对象"，当后期使用熟练时可以根据需要分段的范围选择整个项目或多个楼层，中部的列表显示的是当前项目所具有的（风）管道类型，管道分段工具是按照相同管道类型采用统一分段标准进行分段，分段标准在管道类型列表下方，具体界面表示如图 9.4.2 所示。

图 9.4.1

图 9.4.2

2) 选中一种类型的风管，在"分段长度优先顺序"中输入 2000，并点击"指定"命令，即按照 2m 一段进行分段，如图 9.4.3 所示。

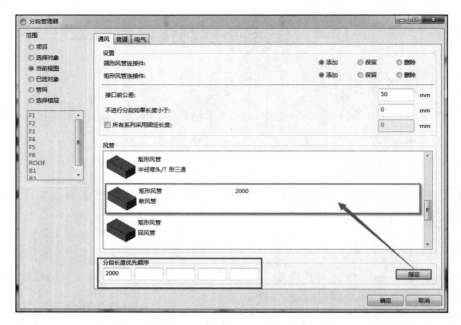

图 9.4.3

【注意】 如设置多个分段长度，可以按照优先顺序输入长度数值（一般是按照从大到小的顺序），并将分段长度指定到对应的风管类型；如全部采用同一种分段长度，也可启动"所有系列采用固定长度"，如图 9.4.4 所示。

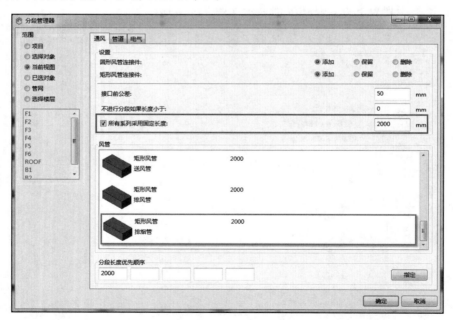

图 9.4.4

3) 设定作用范围及类型所对应的长度后，点击确定即可完成管线分段，如图 9.4.5 所示，原本为一整段的管道根据所设定的数值出现分段。

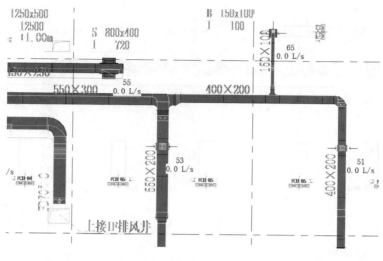

图 9.4.5

4）切换至【MagiCAD 通用】模块-选择"索引编号"（图 9.4.6），打开"安装索引"对话框（图 9.4.7），选择编号组及格式，并设定编号规则以及范围选择方式，完成编号，如图 9.4.8 所示。

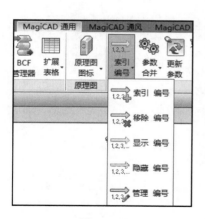

图 9.4.6

图 9.4.7

5）如需不加修改进行编号，此时选用的编号规则为 MagiCAD 数据集自带的默认规则，若要修改编号规则首先打开修改数据集-变量设置-索引，如图 9.4.9 所示列表内为目前所有的规则。

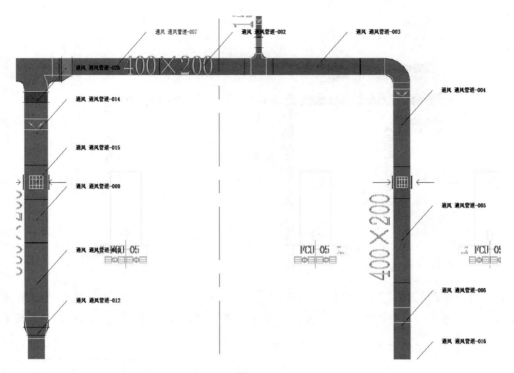

图 9.4.8

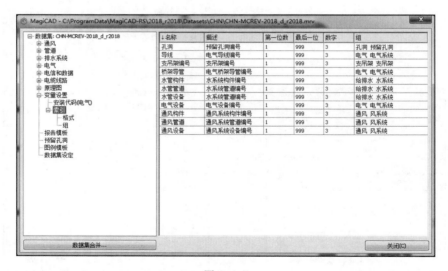

图 9.4.9

6）此时可以在"组"结构下设置编号分组，如图 9.4.10 所示。在"格式"结构下新增或修改已有的编号格式，如图 9.4.11 所示。

7）使用"材料清单"命令对管道进行统计时，管段编号会显示在材料清单对话框内，如图 9.4.12 所示。

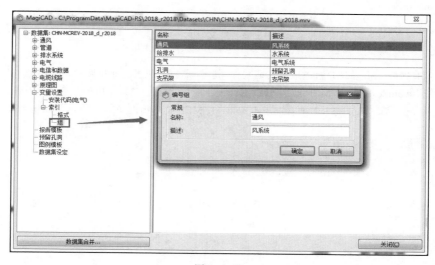

图 9.4.10

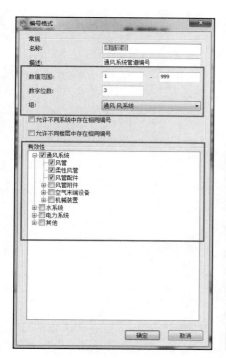

图 9.4.11

部件类型	总长度	系统类型	个数	管段编号
矩形风管	2000	送风	1	020
矩形风管	1027.82	送风	1	009
矩形风管	251.32	送风	1	021
矩形风管	2000	送风	1	013
矩形风管	2000	送风	1	018
矩形风管	392.02	送风	1	016
矩形风管	2000	送风	1	010
矩形风管	2000	送风	1	011
矩形风管	43276.83	送风	41	
矩形风管	2000	送风	1	003
矩形风管	2000	送风	1	024
矩形风管	1960.61	送风	1	004
矩形风管	2000	送风	1	017
矩形风管	2000	送风	1	005
矩形风管	1488.18	送风	1	014

图 9.4.12

参 考 文 献

［1］ 王全杰，赵雪峰 . MagiCAD 机电应用实训教程［M］. 北京：机械工业出版社，2016.

［2］ 柏慕进业 . Autodesk Revit MEP 2017 管线综合设计应用［M］. 北京：电子工业出版社，2017.

［3］ 傅峥嵘 . Autodesk Revit 官方系列：Autodesk Revit MEP 技巧精选［M］. 上海：同济大学，2015.